建筑设计的理论与应用实践研究

梁双营　刘鹄燕　贾珊珊　◎著

经济日报出版社

北　京

图书在版编目（ＣＩＰ）数据

建筑设计的理论与应用实践研究 / 梁双营，刘鹍燕，
贾珊珊著. -- 北京：经济日报出版社，2025.4
　　ISBN 978-7-5196-1454-6

　　Ⅰ. ①建… Ⅱ. ①梁… ②刘… ③贾… Ⅲ. ①建筑设
计—研究 Ⅳ. ①TU2

中国国家版本馆 CIP 数据核字(2023)第 257431 号

建筑设计的理论与应用实践研究

JIANZHU SHEJI DE LILUN YU YINGYONG SHIJIAN YANJIU

梁双营　　刘鹍燕　　贾珊珊　　著

出版发行：*经济日报*出版社

地　　址：北京市西城区白纸坊东街 2 号院 6 号楼

邮　　编：100054

经　　销：全国各地新华书店

印　　刷：廊坊市博林印务有限公司

开　　本：787mm×1092mm　1/16

印　　张：11

字　　数：210 千字

版　　次：2025 年 4 月第 1 版

印　　次：2025 年 4 月第 1 次

定　　价：78.00 元

前　言

建筑是社会的物质产品，是人类文明的结晶，是供人们居住、生活、工作和进行社会活动的场所。在经济发展及城镇建设中，建筑具有较为突出的地位，建筑的质量标准和艺术效果可以直接反映一个国家的经济、科学技术水平和人民的文化修养。

建筑可分为民用建筑、工业建筑、农业建筑三大类型，其中民用建筑是建筑的核心内容，在所有建筑数量中占有相当大的比重。建筑设计除涉及功能关系分析、建筑质量标准确定、建筑空间组合、结构形式选择、建筑群体布置等设计与技术问题外，还要考虑建筑艺术效果。它既创造单个使用空间所需的内部环境，又创造各建筑之间形成的外部环境。这就要求建筑设计工作者必须树立正确的设计指导思想。

本书从建筑设计概述入手，针对建筑设计的构思与流程、建筑内部空间组合设计、建筑外部空间设计与群体组合、建筑剖面与建筑造型设计进行分析研究。还对工业建筑设计、生态建筑仿生设计与高层建筑设计等实践做了一定的介绍。通过阅读本书，可以使读者明白，如何才能做好建筑设计，如何才能做出好的设计。

在本书写作过程中，参考和借鉴了一些学者和专家的观点及论著，在此一并向他们表示深深的感谢。由于水平和时间所限，书中难免会出现不足之处，希望各位读者能够提出宝贵意见，以待进一步修改，使之更加完善。

梁双营　刘鹊燕　贾珊珊

2024 年 10 月

目　录

第一章　建筑设计概述

第一节　建筑设计的相关理论

一、建筑与建筑设计

所谓的建筑，不仅代表着建筑工程当中的一系列建筑活动，同时也代表进行相应建筑活动所建设而成的种种建筑物，因此我们可以认为建筑即是建筑物与建筑活动的统称。一般来讲，建筑物即是人们通过生产活动以及建筑活动进行构建的一系列居住场所，其中民用住宅、教室以及学院等建筑物都属于这一范畴。不过构建物则与之较为不同，其中构建物是指人们无法直接用于建筑活动，甚至无法直接进行搭建的建筑物，其中最典型的当属桥梁、烟囱等一系列公共建筑物。当然，不论是建筑物还是构建物，其本质都是为了满足设计者的要求，实现某些功能而存在的各类建筑，通过熟练使用某些技术手段，遵循科学规范的设计理念从而建造更加符合建筑美学的优秀建筑物。

所谓的室内设计，恰恰是依照建筑物的内部空间以及实际需求进行的某类设计活动，通过对空间、地点进行全面布置以及相应的规划，从而建设能够反映历史文化特色、建筑风格以及周边环境特色的优秀建筑物，通过科学规范的方式对建筑设计方面进行合理规划，使之成为更加安全、更加符合标准的优秀建筑。至于室内设计，恰恰是建筑设计的重要组成部分，它决定了建筑物能否实现进一步深化布置与规划，是否符合标准的重要前提。对此，需要正确认识室内设计的工作理念以及工作内容，只有这样才能够设计出优秀的建筑物。

（一）正确理解建筑

1. 建筑的目的

在原始时代，人们通常没有固定的住所，不得不依赖大自然进行相应的农业生产工作，但是在自然界有着许多强大的洪水猛兽、猝不及防的天灾人祸，人们的日常生活备受侵扰。为了能够最大程度地避免这些灾害，人们不得不将自身的栖息地设立在茂密的山林以及幽深的洞穴当中。自此以后，人类为了生计不断发展自身的技术，与大自然抗争。随着人类与大自然不断亲近，人类日常生活逐渐出现了明确的劳动分工，各类行业逐渐崛起并自成一门体系，人们的生活逐渐稳定，居住场所也在不断完善，并且逐渐出现了固定居所。这时，人们依照长期的生活经验，用原始的工具和材料建造出最早的房屋。

随着人类社会的不断发展，各类生产技术也随之不断完善，新型生产技术以及生产领域逐渐扩大，人类的日常生活展现了更多的色彩。随着人类日常生活内容的逐渐丰富，人们不仅开始尝试更加复杂的建筑活动，甚至将生活的重心逐渐转移到各个领域当中，其中政治经济、商贸活动、休闲娱乐等多种活动为人们的生活增添了许多色彩。不过，这些活动都要求人们拥有相应的建筑场所作为活动的基础。为此，后续的各类建筑场所如雨后春笋般陆续涌现。随着人类建筑事业的不断发展，人们的日常生活以及生产活动方面的需求逐渐得到满足，这对社会的发展有着极大的帮助。如今，随着科学技术发展速度不断加快，建筑物逐渐成为体现人类生活的重要组成部分，设计技术和实用功能的日益完善，为人类社会的进一步发展提供了坚实的物质基础。由此可见，现代社会当中，建筑物已经成为不可或缺的重要组成部分。

通过以上叙述，我们能够发现，建筑的出现以及进一步的发展就是为了能够实现社会的稳定，满足社会的各项需求，因此，我们可以认为，建筑的最终目的就是为人们提供一个优质的生活空间。因此，对于建筑的实现过程我们有必要进行重点分析。

人们在进行某项活动时，往往都需要在一定空间内进行，即活动的正常进行离不开某一固定空间。对此，马克思表示：空间是人类生产以及人类社会活动的重要依据。若是没有相应的空间，那么人类活动就无法有效进行，总是能够勉强其进行某些活动，那么最终也无法实现活动的内容。其中，最典型的例子：若是人们想要进行休息，那么就一定要拥有自己独立的空间；若是进行相应的教学活动，那么也一定要拥有独立的教室；为了能够实现工业生产的高效化，那么就必须拥有独立的厂房。由此可见，建设相应的建筑在于实现自身目的，而实现目的的前提则是必须拥有自己独立的空间。

不过，这里所说的空间并非所谓的自然界的空间。同外界空间有所不同的是，在进行空间选择的过程中，一定要选择能够满足人们日常所需且符合审美要求的空间；而且在进行空间隔离方面，应当选用更加坚实、更加牢固的材料从而使其与外界空间隔绝，还要保证空间内部更加舒适、安逸。这样一种依照人们自身需求，能够符合人们自身要求的规划性空间，我们通常将其命名为建筑性空间。

由此可见，人们在建造各种建筑物时，通常是为了能够获取更多具有使用价值以及审美价值的空间从而用于各类活动，其中在建筑空间当中的各类建筑性结构只是为了凸显空间的使用价值以及审美价值，这是最基本的建筑手段。对于空间的使用方面，我国古代便有了相应的论述，其中众多理论都在讨论空间使用所表现的诸多意义。

随着人类社会的不断发展，人们的生活范围逐渐扩展，其中的规模更是与日俱增。现如今，人类的活动范围已经逐渐扩展到建筑物的外部，其中，人们在广场、绿地等外部空间活动的频率越来越高，各类公共空间已经成为人们的重要活动场所。为此，在进行公共场所设计的过程中，应当根据实际需求以及使用规范进行相应的设计工作，从而为人们创建更加优质和舒适的活动空间。从这方面来看，建筑的意义有了进一步提升，其中建筑不仅代表着单体建筑，同时也包括群体建筑，一切公共空间都属于建筑的范畴。

2. 建筑的基本构成要素

所谓的建筑不仅仅是建筑的各类房屋以及各项有关工程项目的活动，它同时还代表工程活动的最终成果，即建筑物。除此以外，它还代表了不同时期、不同风格、不同技术的建筑艺术，可以说建筑的涵盖内容极为广泛。

从建筑的发展历程来看，其中涉及了不同时期、不同民族以及不同地点的建筑，而其中所涉及的建筑风格以及建筑类型更是多种多样。不过，从建筑的基本原理来分析，一切建筑物的成功建立都需要满足三项基本条件，分别是：建筑功能、建筑的物质技术条件以及建筑形象。

（1）建筑功能。所谓的建筑功能即是指人们在进行建筑活动的过程中需要实现的各类需求。而各项建筑功能能否适用于相应的建筑物，就决定了建筑物是否符合建筑标准。

相对于种类多元化的各式建筑物而言，建筑功能的特性不仅具备一定的共性，同时也有着自身独特的个性。其中对于建筑功能的个性而言，其大致可以表现为多种建筑的性格特点，可以通过多种不同的建筑风格展现建筑个性；至于建筑功能的共性，则是一切建筑都应当尽量满足的特点，其中较为典型的当属建筑物对于人体适应程度、人体活动范围方面的要求。

对于建筑功能方面的要求，应当秉持不断创新、不断发展的观念。随着我国社会生产力的不断提升，人民生活水平也随之大幅度提高，因此人们对于建筑功能的要求也变得更高，如此一来就极大地促进人们对于建筑方面的创新，新型建筑应运而生。由此可见，建筑功能是实现建筑发展的重要因素。

（2）建筑的物质技术条件。相对而言，建筑的物质技术条件包括多方面内容，其中材料、结构、设备等共同组建了优质建筑结构。而这些建筑的物质技术条件恰恰是组建优质建筑空间、维护建筑空间质量、展现建筑功能的主要方式。

随着科学技术的快速发展，诸多新型建筑材料、新型建筑设备以及各类新型建筑工艺层出不穷，为建筑功能的进一步革新以及建筑空间结构的组建创造了必要的条件。近年来，许多跨度较高的建筑以及大型超高层建筑逐渐出现在人们的视野中，说明我国建筑行业实现了伟大的跨越和发展。

（3）建筑形象。所谓的建筑形象即是依照相应的建筑功能来实现建筑结构的各项特点。通过对于建筑物进行各方面的规划，辅以充足的物质技术条件，从而全面满足建筑物的风格特点。通过熟练地运用空间组合结构、细节装饰布置以及各式各样的色彩结构艺术来进行建筑物的装点，从而实现建筑的视觉美感，更令建筑物有着精神方面的超强感染力，使居住其间的人们心情更加愉悦。

通过以上观点我们可以发现，建筑形象不仅代表建筑的主要内容，同时也代表着人们对于时代的理解以及建筑功能的多元化需求。

在建筑结构的三项重要标准当中，最重要的目的在于达成建筑目标，完善建筑功能，至于物质技术条件则是实现建筑目的的重要方式，它决定了建筑物能否具备足够的建筑功能以及相应的技术手段，并且决定了建筑物是否具备美的表现。相对而言，物质技术条件对于建筑功能以及建筑形象有着不同程度的促进作用，当然从某方面来看，物质技术条件也在一定程度上限制了建筑功能以及建筑形象的发展。尽管建筑形象能够有效反映建筑技术条件以及建筑的各项功能，但是这并不代表建筑的形象是固定的，从某些方面来看，建筑的形象是灵活多变的。在不同环境下，建筑形象有着不同的特点，因而建筑物的艺术表现能力也有所不同。

与建筑的三项重要标准息息相关的是建筑与经济、美观以及适用等因素，它决定了建筑能否符合大众标准。其中，适用是建筑的重要标准，其不仅决定了建筑能否符合经济适用原则，同时也决定了建筑应用是否符合标准。除此以外，在强调经济适用原则的前提下，还要保证经济符合预期标准。至于经济方面的标准，并不仅仅在于建筑方面的工程造价，同时也包括建筑过程中的相应维护费用以及其他有关经济投资费用等多方面经济标准。相对而言，美观同样是决定建筑是否符合标准的重要因素，从这方面来看，一切建筑都应当符合美的要求，符合相应的审美标准。

综上所述，只有正确理解以上三方面因素之间的联系，从建筑设计活动中找到符合标准的相应条件，才能将建筑物的形象进一步完善，从而实现建筑形象创新以及建筑质量的创新。

（二）设计工作

1. 设计工作在基本建设中的作用

一个优秀的建筑工程项目，从项目的制作初期到工程结束，其间往往需要经过多个环节的筛查，只有顺利通过多个环节的验证以后，才能够顺利地进行项目建设。而这些项目也被人们称为"基本建设程序"。

由于建筑当中涉及不同的技术手段以及艺术色彩，除此之外还包括工程项目复杂、成本消耗过高等多种问题，因此，在工程项目的进行过程中应当保证各个环节的协调，从而保证工作的正常进行。在建设前期应当严格依照项目施工方案进行详细的规划，通过事先对于项目各项环节出现的问题进行预先评估，做到未雨绸缪。除此以外，还需要通盘的方案规划，通过实时模拟可行的实施方案，打印相应工程图纸将其全面表达。为了保证工程项目能够顺利进行，这项工作是至关重要的。而这一环节往往被人们称为"建筑工程设计"。

为了保证施工过程中各个环节能够顺利进行，材料与工种能够符合相应标准，必然要在工程项目初期进行周密的规划，通过事先进行规划还能够使工程在竣工后收获足够的成果。由此可见，工程项目设计在工程项目当中起到至关重要的作用，堪称工程项目的灵魂。

2. 建筑工程设计的内容与专业分工

随着科技的不断发展，工程项目的建设过程所涉及的内容也逐渐丰富与复杂，其中与建筑有关的各项学科更是屡见不鲜。通常来讲，一项建筑工程设计工作往往涉及多个方面的内容，其中各类学科知识共同组成了项目工程规划。在项目建设过程中，供水、排水、水电、煤气等多个环节的知识都有所涉及。由此可见，在建筑工程设计的过程中，应当保证多个环节的知识学科共同作用才能够保证项目的顺利进行。

3. 建筑设计的任务

作为建筑工程项目的重要组成部分，建筑设计的重要性毋庸置疑。其主要任务包括以下5个方面：

（1）妥善安排、布置建筑当中的各项功能以及各项空间；

（2）整合建筑物与其外部环境，全面协调多方面关系；

（3）改善建筑有关的空间结构，避免出现空间造型问题；

（4）通过行之有效的技术进行布置规划，选用合适的建筑材料；

（5）针对建筑设备相关的技术问题进行综合调整，实现妥善布置。

在进行建筑设计的同时，应当针对建筑的外部环境、建筑所使用的技术以及建筑具备的多项功能进行综合分析，通过战略计划的布置，从而为工种设计打下良好的基础。当然，为了全面完善建筑设计的过程，不仅要依照工程计划的相应方案妥善施工，还要坚持贯彻落实国家相关政策、法规，确保在合法的情况下进行建筑设计施工。综上所述，只有全面实行以上规划，才能够建造出经济、适用、美观且功能齐全的优质建筑。

二、建筑设计的内容和过程

（一）建筑设计的内容和过程基础介绍

一般情况下，房屋的建造过程较为复杂，其中的各项环节更是紧密相连，在这一过程中能够影响房屋建设的因素较为复杂，为此，在进行建筑施工前一定要设计出一套完善的施工方案。通过研究发现，只有依照设计方案严格进行相应的建设活动，经过充分的调查、准备工作，才能够设计出完善的方案。当然，只有通过严格地规划各个设计阶段的任务，从而提升建筑工程质量，才能够建造出优质的房屋。

通常房屋的设计大致包括建筑设计、结构设计以及设备设计等，在房屋设计的过程中，各项结构之间紧密结合，并且分别负责各项不同工作。众所周知，建筑设计是综合多方面艺术的建设方案规划活动，因此在建筑设计的过程中不仅包括建筑功能设计、建筑工程技术设计以及建筑艺术设计，在将具体的工程建设项目落实到建造阶段时，还应当全面分析房屋的建筑结构以及施工过程中所需要的工种、设备等因素，通过详细的规划分析各个因素之间的关系。在进行项目设计的过程中，设计相关人员应当坚持贯彻落实与建筑相关的政策与法律法规，明确建筑施工的各项规范，积极调查研究各项工作的具体实施路径。

通常来讲，建筑设计分为两个不同阶段，分别是初期建筑设计和施工图设计。当然，对于一些规模较大的工程项目往往会用到三个阶段性设计。所谓的三个阶段性设计即是在前两项设计阶段当中插入一项技术设计阶段，通过技术设计从而有效解决建筑施工过程中出现的问题。

（二）建筑设计的过程及成果

所谓的建筑设计，即是通过学习、坚持落实各项政策，通过相应的调查分析，从而有效改善建筑物的各种问题。

针对建筑设计过程以及设计阶段的各项工作事务进行统一归纳并进行相应分析，得出结果如下。

1．设计前的准备工作

（1）全面了解设计任务书。在进行具体设计前，应当全面分析设计任务书，了解项目建设的各项设计标准。通过分析可知，设计任务书当中主要包括以下内容：

对于建设项目总体要求以及主要目的进行综合分析；对于建筑物的使用要求以及建筑规划面积进行合理分析、规划；了解建设项目的总投资额，收集单方造价数据从而分析房屋建设的各项费用以及室外设施建设消耗资金；建设基地所需空间面积，针对房屋建筑周边环境以及其他相关建筑进行重点分析，制作相应的地形测试图；实时公布水电、供暖等多种设备的配置情况，获取相应的使用许可文件；规划设计时间以及项目建设所需时间。

设计人员针对相应的标准以及规范进行规划，仔细分析比对设计任务书中的各项建筑相关因素。在进行设计时还需要重点分析建筑有关限额，其中包括标准用地面积、规范等指标。若要进行任务内容修改，一定要预先向有关部门汇报，征得管理人员许可方可修改；对建筑使用面积修改或是用地造价方面的修改时，要向城建部门进行通报，获得审批后方可进行。

（2）收集设计有关的重要数据，对于其中的原始数据应妥善保存。一般来讲，建筑单位下派的设计任务往往预先经过多方面思考，通过反复修改后制定妥善方案。不过，在进行房屋设计以及建造的过程中还需要收集原始数据以及其他相关资料，这样才能确保房屋建造万无一失。

首先，要收集气象相关资料，保证建筑施工区域的各类条件符合标准，保证建筑区域当中不会有其他不利于施工因素出现。其次，收集基地地形以及地质相关资料，确保建筑施工地区的自然环境符合标准，房屋建设施工能够顺利进行；收集水电、煤气等相关设备的资料，实时了解建筑施工周边的水电管线分布情况，确保施工供电正常；收集设计项目相关定额资料，了解不同住户的房屋使用面积以及房屋建设面积应有定额，确立建筑面积规划标准后方可进行施工。

（3）在进行建筑设计施工前应当进行全面调查、分析。在进行设计前期所需要调查的内容包括：

①对于建筑的使用要求。通过实时了解不同单位当中有着建筑经验的相关施工人员，从而建立调查相关报告，重点分析房屋使用情况，通过全面分析使用情况为房屋的设计以及后续功能应用做准备。

②调查建筑材料供应情况以及施工技术标准。首先，要全面分析、了解房屋所在地区

的建筑材料价格、品种以及规格从而做到有准备地预定相应的建筑材料，除此以外，对于定制材料进行相应的分析评价，从而筛选出能够应用到建筑当中的优质材料。通过全面整合房屋设计要求以及设计标准，依照房屋特有的使用情况以及建筑空间进行合理规划，准确分析不同方案以及不同结构、不同施工技术等相关因素。

其次，要收集基地周边相关数据。根据城建部门所指定的房屋基地建设进行现场规划并且实时勘察，通过深入了解基地周边情况以及相应的历史资料，从而针对基地周边的建筑、道路等相应的环境因素做出周密的调查，根据相应的调查数据尝试规划建筑物的大致面积以及地理位置的布局。

最后，了解各地区传统建筑的使用情况以及建筑特点。在传统建筑当中，有许多建筑是通过全面结合当地地理环境以及资源环境从而进行优化布局，最终建设而成的优质建筑物。根据相应建筑物的实际情况，相关设计者可以从中找出符合建筑标准的建筑物，学习其中的优质建筑技巧，应用到新的建筑工程项目当中。

（4）实时掌握有关政策、法律法规的相应设计资料。在进行设计前的准备阶段，相关设计人员应坚持贯彻落实相关法律法规，保证建筑工程项目在符合相关标准的前提下进行施工，除此以外，还要认真学习并着手分析有关工程项目设计的其他资料，从而进一步完善工程项目设计方案。

2. 初步设计阶段

在建筑设计的初始阶段，主要任务在于提出相应的设计方案，在既定范围内依照相应的设计方案拟定房屋使用规范，根据设计阶段内的技术手段以及经济水平，拟定符合要求的设计方案，使之符合建筑要求以及艺术色彩。

在初步设计的过程中，包括多项建筑组合方案，其中选定相应的建筑材料以及建筑结构方案、明确建筑基地位置以及分析设计图纸等相应环节，在最终的建筑过程中能够大幅度提升建筑效率。

三、建筑设计的要求和依据

（一）建筑标准化

作为建筑工业化标准的重要组成部分，建筑标准化原则是构建装配式建筑的重要前提。通常包括以下两点：首先是建筑设计相关条例，其中包括建筑规范、建筑标准以及相应的建筑技术等；其次则是包括房屋标准在内的多项设计环节。

1．标准构件与标准配件

作为房屋组成的关键部分，标准构件是决定房屋承受能力的重要组件；标准配件则是房屋内部的多种主要承重部件。一般来讲，标准构件与标准配件通常由政府部门或与建筑相关的管理部门进行相应的编排，通过各个组件当中的编号从而帮助加工生产单位以及相关设计人员挑选符合标准的组件。标准构件常用字母"G"做标志，而标准配件则用字母"J"来表示。

2．标准设计

标准设计大致包括两个主要部分，分别是房屋整体设计和标准单元设计。在进行标准设计前，地方设计院的相关人员往往会将不同单元、不同房屋进行相应的标注，从而方便建筑设计人员进行相应的设计施工。在房屋进行标准设计的过程中，往往只针对房屋的地上部分进行设计，而地下部分设计则交给其他人员进行勘探，通过实时了解地下部分的地质情况，从而给出相应的设计图纸。

标准单元设计即是平面图中的组成部分，设计施工时进行整理并且按照一定顺序拼接，构成完整的建筑组合。在各类施工项目活动当中，标准设计在房屋建筑活动当中较为常见。

3．工业化建筑体系

为了能够全面应对建筑工业化形式，满足工业化标准，必然要将房屋当中的各项组件进行定型与排序，除此以外，还需要对相应的构件进行设计，了解构件的生产、运输以及施工等多种问题并进行相应的完善，通过合理规划与全面整合资源，达到建筑工业化标准。

（二）建筑设计的原则和要求

1．满足建筑功能要求

建筑设计的首要目标即是为了满足人们对于建筑的各项功能需求，从而建立更加完善的、符合人们预期的优质建筑。例如，设计院校就是为了满足教学需求建造的教育型建筑，因此，为了保证教室能够符合教学标准，通常在进行教室规划时要预先调查、分析，从而合理规划教室的使用空间。要保证教室的使用空间有着良好的采光以及通透性，并且在教室周边建设相应的辅助教学房间，如办公室、储藏间以及卫生间等。除此以外，还要为院校配置操场，以供学生进行活动。

2．采用合理的技术措施

选择合适的建筑材料，在保证建筑空间充足的情况下，确保建筑空间能够有序组合，通过选择最佳空间结构以及施工方案，往往会使用钢网空间结构，从而保证房屋的坚固和耐久性。我国近年来建造大型体育馆时，从而有效提升室内空间的利用率，这样不仅大大节省建筑钢材使用量，降低成本，也能加速工程进度。

3. 具有良好的经济效果

众所周知，房屋建造的流程较为复杂，作为物质生产的重要环节，在完成房屋建筑的过程中需要消耗庞大的资金与人力，除此之外，在进行房屋建造的过程中还需实时考虑当地环境，分析当地资源是否充足，从而有针对性节约人力、财力、物力。在进行房屋以及相应的建筑设计时应当预先完善计划，根据经济领域的客观规律，有针对性地实现房屋建筑的经济效应。此外，在房屋设计的过程中还要保证房屋使用要求与技术标准符合建筑规划。

4. 考虑建筑美观要求

作为社会当中重要的物质财产以及经济文化财产，建筑物是社会当中重要的财富，它不仅能够为人们展现艺术的美感，也能够为人们实现各式各样的功能，总而言之，不同类型的建筑物能够从精神层面上给予人们不同的感觉。在进行建筑设计的过程中，应当大力创造符合我国时代精神的建筑风格，通过借鉴古代建筑的优点，从而构建全新的具有时代特色的建筑形象。

5. 符合总体规划要求

作为建筑总体规划的重要组成部分，单体建筑的重要性毋庸置疑，其中单体建筑应当符合建筑总体规划的各项要求。在进行建筑物的设计过程中，还需要充分分析建筑与周边环境的联系，通过实时调查建筑的原有特征、建筑面积特征以及建筑绿化特点等多种关系，从而进一步分析、处理单体建筑与总体规划之间的联系。在单体建筑设计的过程中，应当保证该建筑与周边环境相协调，且能够与外部条件形成良好的空间组合。

（三）建筑设计的依据

作为房屋建造过程中至关重要的环节，房屋的建筑设计是整个项目建设的首要环节，该环节主要通过图纸的形式将有关设计方面的任务清楚地表述出来。在这一过程中，还应当遵守国家建筑方面的政策与相关法律法规，保证建筑能够实现与自然环境和谐共存。因此，建筑设计是一项逐步进行的科学规范活动，应当保证在具备一定基础的情况下进行合理规划。

建筑设计过程中所涉及的重要依据如下。

1. 资料性依据

在进行建筑设计过程中，有三项重要的资料性依据，包括人体工程学、诸多设计规范以及建筑模数制相关规范。

　　2. 条件性依据

　　在建筑设计过程中需要遵循条件性依据进行处理，其中条件性依据可以分为地质条件性依据和气候条件性依据。

　　(1) 所谓的气候条件包括温度、湿度、雨雪、阳光等。通常情况下，不同气候条件能够为建筑工程带来不同程度的影响。若是建筑在干旱地区，那么一定要保证房屋能够实时通风，因此，在房屋设计的过程中就一定要考虑房屋通风的问题；至于一些寒冷的地区，往往将房屋的位置设计得比较紧凑，从而减少房屋内部的热量流失。

　　至于光照以及风向等问题，多是决定房屋朝向以及各个房屋间距的重要因素。在一些高层建筑当中，需要实时考虑楼层的结构以及外部格局，从而保证建筑符合环境条件。除此之外，在建筑设计过程中，外部的气温以及雨雪等因素同样会对建筑设计造成一定程度的影响。综上所述，在进行房屋设计前，应当实时收集当地气象信息，了解地区资料，从而为后续的设计打好基础。

　　(2) 地形特点以及地理环境特点。一般来讲，房屋建筑的过程中总会出现基地位置凹凸不平的情况，因此，在建筑过程中应当结合基地位置的外部条件进行相应的应对工作，通过实时规划周边结构及其布局情况，进行合理的建筑设计。一般来讲，若是建筑地区地势凹凸不平，原则应当将房屋与当地地形进行全面结合；若是一些较为复杂的地势，则应当将房屋建筑进行合理的规划后再施工。

　　地震烈度表示地面及房屋建筑遭受地震破坏的程度。在烈度 6 度以下地区，地震对建筑物的损坏影响较小。9 度以上地区，由于地震过于强烈，从经济因素及耗用材料考虑，除特殊情况外，一般应尽可能避免在这些地区建设房屋。房屋抗震设防的重点是指 6 度、7 度、8 度、9 度地震烈度的地区。

　　3. 文件性依据

　　建筑设计的依据文件如下。

　　(1) 主管部门有关建设任务使用要求、建筑面积、单方造价和总投资的批文以及国家有关部、委或各省、市、地区规定的有关设计定额和指标。

　　(2) 工程设计任务书：建设单位根据相应的使用需求，实时提出有关房屋使用的要求，其中包括房屋使用面积以及房屋用途等，除此之外，还有一些其他有关房屋建设的要求，当然，工程设计过程中许多有关建筑面积的重要问题都需要向有关部门进行申报。

　　(3) 城建部门同意设计批文：其中内容通常用红线将其合理划分，对于有关建设规划以及环境规划等问题进行相应记录并申报。

（4）委托设计工程项目表：建设单位依照相关部门的批文向设计施工单位进行委托，这一过程所使用的说明即是工程项目表。通常一些规模相对较大的工程项目往往采用投标的方式进行委托，中标的单位在收到委托后予以执行建筑活动。

相关设计人员依照以上文件进行详细的调查，实时收集各项数据以及勘察资料，通过全面分析上述资料，综合考虑有关建筑方面的各项问题，对于其中各项建筑问题进行解决，顺利完成工程建筑工作。在这一过程中，需要根据工程项目的具体情况设计相应的建筑图纸，在其中标明设计意图，至于其他工种的工作也需要设计相应的工作计划书，通过详细的说明工作项目以及工作内容，从而完成设计环节。以上多项条件以及各类设计图纸皆是房屋设计施工的重要组成部分。

四、建筑物的分类与分级

（一）建筑物的分类

所谓的建筑，即是能够正常为人们提供活动空间的房屋，其中依照所进行的活动种类不同大致可以划分为生活用房屋、学习用房屋以及工作用房屋等。当然，能够为人们提供服务的建筑远不止于此，其中还有能够间接为人们提供服务的房屋，如水塔、烟囱等。

建筑物的分类方法较为多样化，而为了详细划分可以将其大致归纳为以下几个方面，如根据使用方式不同以及使用途径不同进行划分、根据建筑结构不同进行划分、根据建筑高度不同进行划分等，其中依照建筑施工等级也可以进行相应划分。

依照建筑的使用性质进行相应划分：

1. 民用建筑

所谓的民用建筑即是包括住宿、办公、医疗、休闲活动等多种类型的建筑物，而这其中可以将其详细地归纳为居住建筑与公共建筑两类。

2. 工业建筑

其中工业建筑包括生产厂房当中的各个区域。

3. 农业建筑

在农业建筑当中，饲养、种植等相应的生产设备存储空间即是农业建筑用房。当然，这其中还包括其他相关农业产品生产以及储存空间。

民用建筑依照使用性质的特点可以进行相应的分类，还可以依照建筑物的使用特点进行相应的分类。

规模性建筑群通常指的是建筑面积较为广泛，与人们生活息息相关的建筑集群。其中居住型建筑以及公共建筑皆属于大型性建筑的范畴。通过与人们的生活密切相连，从而不断扩大自身建筑集群的规模，进而达到建筑量高、种类繁多的效果。

所谓的大型性建筑大多出现在一些发展较为迅速的大中型城市当中，其特点是建筑规模庞大，特别是公共建筑的面积更是极为庞大。较为典型的建筑有机场、车站以及大礼堂等。以上这些建筑需要实现多项功能，并且能够全面展现艺术的色彩，因此在进行建筑施工的过程中要求相对较高。

（二）结构类型

通常我们所说的房屋结构类型即是房屋能够承重的构建部分的类型，依照其对应部分选材的差别，最终房屋承重构建的类型也有所不同。根据其类型的差别大致可以划分为以下几个部分：

1. 砖木结构

此类房屋的承重部分主要由砖、木支撑。在此类房屋当中多数墙体以及柱子都使用木材进行架构，以此为主要材料进行搭建。此类房屋的标准相对较低，其承重能力也相对较弱，因此这类房屋大多集中在三层左右。

2. 砌体结构

此类房屋的承重构架大多使用砌体材料，最典型的当属墙体与柱子当中均使用砌体材料，至于此类房屋的水平承重构件则使用钢筋混凝土作为承重楼板，现如今已成为多数房屋建设的首选，当然，也有少数房屋仍采用木质架构。砌体结构的房屋由于其建筑层数的差别，导致材料的使用比例也有所不同。

3. 钢筋混凝土结构

此类结构通常被用作主要承重的楼板，当然，承重墙部分同样也会用到此类材料，作为墙体等相应承重部件的重要材料，通常是由质量较轻的混合材质构筑而成。此类房屋的建造多集中在 6~10 层的建筑物当中，此外则是高度超过 24m 的建筑物也会使用此类材料。

4. 钢结构

主要承重构建皆采用钢材进行配置，而此类结构多数集中在高层建筑以及规模较大的建筑活动当中。由于其坚固的外在结构，使得多项重要工程当中都有此类材料的影子。

（三）施工方法

通常，施工方法可分为以下 4 种形式。

1. 装配式

将房屋的各类主要承重构件进行重点加工，重新制作成更加坚实的构件，通过在施工现场进行实时操作从而进行构件处理。在这类房屋的建造过程中，通常使用砖块、大型板材，以此为结构材料进行建造。

2. 浇筑式

此类房屋多是通过施工现场进行即时浇筑建造而成。此类建筑工序较为繁琐。

3. 部分浇筑、部分装配

此类房屋的施工特点多是采用内墙建筑，外墙装配的模式。作为一种混合施工的方式，比单纯浇筑模式要更为复杂。通常这一方式应用于大型建筑当中。

4. 部分砌筑、部分装配

此类房屋的墙体部分多是采用实时砌筑的方式构建而成，至于楼板、屋顶等其他部分则使用装配构建进行施工，总体来讲，这是一种不仅能够实时砌筑，也能进行实时装配的重要方式。

（四）承重方式

结构的承重方式可分为以下 4 种。

1. 墙承重式

用墙体支承楼板及屋顶板传来的荷载，如砌体结构。

2. 骨架承重式

用柱、梁、板组成的骨架承重，墙体只起围护和分隔作用，如框架结构。

3. 内骨架承重式

内部采用柱、梁、板承重，外部采用砖墙承重，称为框混结构。这种做法大多是为了在底层获取较大空间，如底层带商店的住宅。

4. 空间结构

采用空间网架、悬索、各种类型的壳体承受荷载，称为空间结构，如体育馆、展览馆等的屋顶。

第二节　建筑物的基本构成

一、建筑的外部形体

（一）建筑形体特征

在现实生活中，整体地看，建筑大多以三维形式存在。因此，在看到一座建筑时，人们对它的总体印象首先是其大致的三维形体特征，包括它的几何形状、体积大小，即所谓的"体形"和"体量"。比如一个长方体建筑，它的长、宽、高构成了总体的三维形体特征，而人们主要是通过它的几何轮廓，也就是长方体的各条边去认知它的形状。同时，它的长、宽、高越大，其体量也就越大。因此，体形描述的是建筑形体的几何形状，体量描述的是人们对这一几何形状大小的感知。大多数的建筑，不会只是由一个简单的几何形体构成，而往往包含了简单形体的切割或多个形体组合的关系。人们看到的建筑轮廓越复杂，说明它的三维几何形体构成也越复杂。简单的几何形体会使建筑看起来更加高大，而更多的形体组合会消解和弱化过大的体量感。

（二）建筑形体的二维图纸表达

当我们对感兴趣的建筑进行记录时，就需要使用二维的媒介图纸。对于普通人来说，通常的方法就是摄影或绘画写生。在照片或写生画上呈现建筑形象，要遵循透视的原则。所谓透视，简单地说，就是同样尺寸的物体给人以近大远小的视觉感受，建筑几何形体上相互平行的轮廓线会在视觉上汇聚于一个消失点。这是人的视觉感知空间深度（即观察对象距离观察者远近）的一种表现。这样的图纸称为透视图（或单点投影图、中心投影图），它能表达出观察者在某一静止位置和方向（视点和视角）观察到的建筑形象和场景。

我们还可以通过轴测图的方式表示建筑的三维形体特征，与透视图不同的是，它在绘制时保持形体上的平行关系，使建筑形体的不同面可以按照一定尺寸比例组合在图形中。在快速勾画建筑三维形体或表达建筑不同组成部分时，轴测图十分有效。

但多数情况下，建筑专业人员在进行专业交流时所使用的并不是透视图或轴测图，而是正投影图。这是因为透视图所表达的建筑形体与绘图所设定的观察点远近相关，存在近大远小的形变，并不能准确直观地反映建筑形体的真实尺寸关系。而建筑图纸有一个很重要的任务，就是记录建筑真实尺寸和进行空间定位，来作为设计和施工建造的媒介。在这种情况下，图纸的绘制就要采用正投影（或称为正交投影、正投影）的方法，也就是把建筑的几何特征要素（端点、边线等）垂直投射于投影面（图纸）表达出来。通过不同方向正投影图（例如三视图：正面、侧面、顶面）的互相参照，建筑形体的三维真实尺寸就可以被图纸所表达。正投影图通过正投影的方法将建筑的三维几何信息转化为更易读取的二维信息，并真实地反映建筑形体的尺寸和空间位置。

在透视图中，由物体上各点与观察者视点的连线所形成的"视觉椎体"与投影面的交集，形成物体的投影。在透视中，视平面和成像面总是相互垂直时，它们的位置由视线的方向、成像的距离决定。两个面的交线就是视平线。物体上相互平行的轮廓线在透视图中汇聚于一个无限远的消失点，因此通过出发于视点、与物体某一组边线平行的辅助线，就可以求得这组平行线的消失点在视平线上的投影。

以位于水平面上、主体为长方体的物体为例，当视线保持水平，并与物体某一个方向的面相垂直时，那么成像面就与建筑的一个面平行，建筑只有一个主要方向的边界线有消失点，这样的透视称为"单点透视"；视线保持水平，但不与观察物体的面相垂直，此时，物体有两个方向上的边线有消失点，这种透视称为"两点透视"；当视线既不保持水平，也不与建筑的主要面垂直，这时呈现的就是"三点透视"的效果。

物体位于视平线以上的透视图，称为"仰视图"；物体位于正常的人眼高度观察范围内的透视图，称为"平视图"；而物体位于视平线下方，则称为"俯视图"或"鸟瞰图"。

1. 正等测图

三个可见的面得到了同样的表达，实际的长度保持不变，但坐标轴角度关系与实际物体发生了变化。

2. 斜二测图（对称）

正等测图的变形，向前或向后转动物体获得较小或较大的顶面，但保持垂直轴方向两个面的对称。通常垂直方向的边需要改变比例，以获得更真实的视觉效果。

3. 斜轴侧图

（1）平面斜轴测图（全比例）。将物体真实的水平面旋转至合适角度（常用30°或45°），侧面则通过垂直投影得到，实际长度保持不变。

（2）平面斜轴测图（垂直方向比例）。全比例的平面斜轴测图在视觉上有被拉高的感觉，通过高度的缩小（通常为真实尺寸的1/2），获得更真实的视觉效果。

在正轴测图中，观察者被认为处于无限远处，视线与物体的连线相互平行，物体垂直于投影面，但几个面都不平行于投影面。正轴测图中边线夹角与实际物体都有改变，圆弧在正轴测图中变成椭圆弧。在斜轴测图中，物体有一个面平行于投影面，而观察者被认为处于无限远处，视线与物体的连线相互平行，但与投影面形成一定的角度。此类轴测图可以体现实际的物体水平面或者垂直面。在正投影图中，物体有一个面平行于投影面，观察者处于无限远处，视线与物体的连线相互平行，且垂直于投影面，因此，只能见到一个方向面的投影。

①斜二测图（不对称）。也是正等测图的变形，向两侧转动物体，获得一个较大的侧面，但另外两个面保持对称。通常有一个方向的侧边需要改变比例，以获得更真实的视觉效果。

②斜三测图。也是正等测图的变形，长、宽、高都经过调整，通常取 6∶5∶4 的比例关系。如果一幅轴测图有三个不等的坐标轴夹角且大于 90°，既非正等测图，又非斜二测图时，它就是斜三测图。

③立面斜轴测图（全比例）。表达某一物体真实的垂直面，相邻的面则以合适角度（常用 30°、45°或 60°）斜向投影得到，实际长度保持不变。

④立面斜轴测图（斜向有缩比）。全比例的立面斜轴测图在视觉上有被拉长的感觉，通过斜向的缩小（通常为真实尺寸的 1/2），获得更真实的视觉效果。

需要注意的是，通常图纸是供人在手中阅读的，因此图纸的尺寸大小在绝大多数情况下都远远小于实际建筑的尺寸。因此，我们在进行正投影作图时，要按照一定的比例缩小建筑的实际尺寸，使它能够被绘制到图纸上，这样图纸上各种投影线条的关系就不会失真，并且能够还原。图纸比例指的就是图中图形与其实物相应要素的线性尺寸之比。图纸比例的标注方法为将图纸单位尺寸与它表达的实物尺寸用"∶"符号隔开，标注在图纸名称之后。在某些表示建筑群体布局关系的小比例尺的总平面图上，会使用绘制比例尺的方式来表达图纸比例，建筑学常用的图纸比例有 1∶1000、1∶500、1∶200、1∶100、1∶50、1∶20 等，在同样大小的图纸上，使用越大的比例，反映的细节越多，也更加局部。

因此，需要根据表达的建筑内容，选择合适的图纸比例。

此外，确定图纸比例也要考虑图纸本身的尺寸大小，也就是图纸幅面（简称图幅）。它是指图纸宽度与长度组成的图面。我国和国际上通常采用的技术图纸基本幅面为 A 系列，包括 A、A1、A2、A3 和 A4 五种。

二、建筑的内部空间

（一）建筑空间与人的使用

虽然大多数情况下对一座建筑最初的感受是从外部观察建筑，感知它的体形、体量、立面凹凸以及材料的质感色彩等获得的，但建筑起源于为人们提供遮风避雨的活动场所，因此，它最重要的部分藏在它的内部。学习建筑设计，我们必须走进建筑，了解它的内部空间。

如果把建筑比作一个容器，那么建筑的空间就是容纳人活动的地方。建筑的空间与人的活动需求紧密相连。首先，人类最本质的需要是生理上的需要，比如遮风避雨、休养生息。原始人类在没有学会主动建造时，利用大自然提供的简单容器——洞穴的内部空间，来满足自身的基本需要。随着人类需求与能力的提升，需要的空间也越来越复杂，产生了主动建造和进行建筑内部空间分割的需要。但由于地球重力的存在，无论建筑本身还是人的活动都具有两个基本的方向：水平与垂直，空间的划分可以分为两种基本的方向：水平方向的分割和垂直方向的分割。比如现在普通家庭的住宅，就有客厅、餐厅、厨房、卫生间、阳台以及若干个卧室的水平方向的空间区分，满足家庭生活的不同功能需要。除了在水平面上分割空间，建筑也在向高处发展，因此在垂直方向上也产生了分割限定空间的需要，建筑因而产生了楼层的变化，楼层之间以楼梯等垂直交通工具进行联系。

（二）空间分割的图示表达平面图与剖面图

反映建筑物外形的立面图无法表达出建筑内部空间的分割情况。能够反映建筑内部空间分割的正投影图，就叫平面图与剖面图。

平面图是假设将建筑沿着某一水平面剖切开，向下投影表达其内部的水平空间分割情况的正投影图。如果一座建筑有多个楼层，就需要分别对这些楼层进行剖切，表达每一个楼层不同的空间分割情况。一些楼层较多的建筑，比如教学楼、高层办公楼或旅馆，有许多楼层的分割是一样的，只需要画出一个标准层平面图来表达这些相同分割的楼层。一般平面图绘制所假设的剖切面在高于窗台的楼层中部位置，这样可以尽量全面地表示出墙面上所开洞口（主要是门、窗）的位置、宽度。一些高于剖切面但又在本楼层的部分，比如高窗，就需要用虚线加以表达。但剖切面的位置也不是绝对的，对于一些楼层比较特殊的建筑，剖切位置可以灵活掌握，主要是表达出尽量全面的建筑内部空间分割的信息。通常来说，建筑的一层平面图还需要绘制与其相连的室外空间的平面投影，以表达室内与室外的联系关系。而屋顶平面图则是屋顶部分的投影，一般不包含剖切的部分。总平面图则是表示建筑所在环境的相邻位置关系，用建筑整体投影图来表达，需要标出方向（指北针）、周边环境、建筑基地范围与出入口、建筑的楼层数、出入口位置等信息。

剖面图则是假设将建筑沿着某一垂直面剖切开，表达其内部垂直空间分割情况的正投影图。剖面图也需要选取尽量多空间信息的部分（比如楼梯位置，表达出上下楼层连接情况）进行剖切。剖切后的投影方向有两个，也需要根据空间信息选择投影的方向。如果一座建筑的楼层分割比较复杂，就需要多个剖面图来全面剖析。有时候，剖切面根据表达的需要，可以转折，以方便在较少的剖面中尽量多地表达空间分割的信息。剖切面的位置，需要在建筑最主要的平面图（通常是一层平面图）中标示出来。剖面图可以表达出建筑竖直方向的高度信息，比如每一层楼的"层高"（两层楼面之间的高度）、净高（层高扣除结构等占用部分后的高度）等。

平面图与剖面图都是对建筑进行假设性的剖切，因此具有相似性，只是剖切的方向不同。和立面图一样，在平面图与剖面图中，也需要应用线的粗细来区分空间信息。最粗一级的线，称为剖断线或剖切线，表示的是被剖切面所切割的墙体、柱子、梁或楼板的部分。次一级的线称为投形线（有时也称为轮廓线或投影线），和立面轮廓线相似，用以表示未被剖切的建筑投影的几何轮廓以及门窗洞等部分。最细一级的线同样表达了如墙砖等材质的划分以及门窗框等相对处于同一平面上的细节信息。需要注意的是，被剖切到的门、窗等构件，并不用剖断线而是用投形线等级的线来表达，这样可以使墙身的开洞信息更加明确，容易辨识。

（三）绘制具有表现力的立面图、平面图与剖面图

用线条表达的立面图，虽然明确了建筑形体的位置与尺寸关系，但不能非常明确地表现出建筑形体和材料质感的变化。因此，为了让图纸除了具有工程实用性，有更强的表现力，可以通过立面阴影、质感的渲染，将建筑外表面的凹凸关系、建筑材料特征表达得更加明确和生动。另外，加入树、人等在大小尺寸上我们比较熟悉的配景，就可以更好地衬托出建筑的体形、体量。与立面图类似，通过阴影、材质等渲染表现手段，平面图与剖面图可以更鲜明地表达出空间分割的信息。剖视图是将有准确尺寸信息的平面图、剖面图与内部空间的透视图结合起来，大大强化了二维图纸的空间深度和实际视觉效果的表现力、感染力，传出更加丰富的空间信息。前一页和后一页的平面图、剖面图也是进一步表达建筑内部空间分割情况的手段。

剖面图中截断的墙体、楼板等都是一个完整面，因此，除了剖面中与土地相连的部

分，剖断线都会闭合。这是检查平面图、剖面图剖断部分绘制是否正确的有效方法。

（四）垂直构件与水平构件

通过解剖建筑，我们可以了解到墙体、地面、楼板、柱子等可见的要素，分割或者限定了建筑空间。换句话说，我们是通过识别这些边界要素才能感知到我们所使用的建筑空间。和建筑形体一样，我们也可以通过几何化的抽象和简化，更加清晰地理解分割或者限定空间的基本要素。最基本的形成与限定空间的要素，从二维上来看可以是点、线、面，翻译成三维的建筑构件就是垂直构件（柱子、墙体）和水平构件（楼板）。以我们最为常见的矩形空间为例，从水平方向空间的限定来看，有 6 种最为基本的限定形式：全围合、单面开敞、两面开敞（临边）、两面开敞（对边）、三面开敞、四面开敞。而垂直方向的空间限定，可以通过楼板大小差异、错位关系，形成不同的楼层高度差别。所有空间的分割或限定，都可以看成这些基本限定关系的组合和拓扑变形。建筑师正是通过这些基本空间要素的变形、组合操作，创造出供人们使用的各种空间。

三、建筑空间的尺度

（一）建筑尺度的概念

建造一座建筑，不可回避的就是它的尺寸问题。它要盖多高？内部各个分割的房间要多大？门窗开多宽？这就是建筑的尺度问题。所谓建筑尺度，除了是指建筑或其局部的具体尺寸，更重要的是它还包含这一尺寸的参照系问题。首先，最重要的参照系就是建筑尺寸与人体尺寸的关系。建筑师创造的建筑空间，是供人使用的。因此，建筑中的尺寸，大到建筑整体形体体量，内部空间大小，小到门窗、栏杆、把手等建筑构件，都必须以人体作为基本的参照和考量。其次，建筑尺度受到建造条件的限制，比如建筑材料的力学性能、结构形式、施工技术、经济实力等。再次，建筑尺度还存在与环境的参照关系，同样尺寸的建筑，建造在空旷的自然环境中与建造在拥挤的城市中，给人的尺度感觉是完全不同的。最后，还存在建筑局部与整体的尺度关系，这关系到局部与整体是否协调。后面三点，在建筑细部、建筑环境和建筑设计中会加以具体讲解，本节重点讲解建筑与人体的尺度关系问题，主要有空间尺度和构件尺度两个方面。

（二）空间尺度与人的使用

建筑内部空间的尺度，要考虑通常情况下人的各种活动动作，如站立、行走、坐、蹲、伸手等，根据这些来确定比较合理的建筑空间尺寸（建筑尺寸通常使用毫米为基本单位）。例如，公共走廊或楼梯空间的最小宽度在 1100~1200mm，高度在 2200mm，这是根据两个人相对而行时的最小尺寸要求确定的。不同的使用功能要求和使用者的数量都会对空间的尺度造成影响。例如，排球、篮球等室内运动场，球在空中运动就要求室内高度很高，场内观众数量多，要求更加开阔的视野，安全的疏散也需要更宽敞的走道，这都需要加大空间尺度。建筑师在考虑尺度问题时会以多数人的平均尺寸作为参照，但也需要考虑一些特殊人群的活动需求，比如残障人士。以厕所为例，就要考虑乘坐轮椅人士在进出、转身等动作上的特殊空间尺寸要求。还有一些空间会采取超常规的尺度。例如教堂、宫殿等纪念性空间，会通过加长、加高空间尺寸的方式，以特殊的尺度感受来增加仪式感。

由于对空间尺度的感觉和人的身体感受相关，因此，学习建筑设计就需要在日常生活中积累对尺度的感觉。例如随身携带卷尺，量取感兴趣的、自己觉得舒服的空间尺寸并记录下来。有时一些比较大的空间难以量取其尺寸，则可以选取参照物来估算其尺寸，比如人的身高、地砖的单个尺寸和数量等。在建筑设计中，可以借助一些常用家具的平面或剖面布置来帮助我们对经济合理的空间尺度进行判断。例如，床的平面长度通常为 1900~2000mm，单人床宽度在 900~1200mm 之间，双人床宽度则为 1500~1800mm。住宅中的卫生间和卧室，可以通过淋浴房、坐便器、洗手池、衣柜、床等常用洁具、家具的布置，比较方便地了解经济合理的空间尺寸。

（三）常用建筑构件的尺度与平面、剖面表达

有一些常用建筑构件是建筑中必不可少、从我们学习建筑开始就需要了解的，比如门、窗、楼梯、坡道。这些构件在建筑中是人们最经常直接接触的部分，因此与人体尺度、人的运动关系更加密切。不仅如此，它们也是构成与建筑整体进行尺度对比感知的重要部分，例如建筑外立面上窗洞大小、数量的变化，对建筑立面尺度感知的影响是十分巨大的。因此，在建筑设计基础阶段的学习中，了解和掌握这些常用构件的尺度问题十分重要。

门是各个分割空间之间以及建筑内外活动联系的最主要"关卡"。常用的门的形式，按照开启扇形式有单扇门、双扇门，按开启方向有单向平开门、双向平开门、推拉门、弹簧门（可双向开启）、折叠门、旋转门、卷帘门等。门的宽度及高度需要根据进出物体的大小、多少来决定，住宅中供少数家庭成员进出的卧室门，和大楼中供货车进出的停车场的门，尺寸肯定不同。通常情况下，供人出入的门，最小宽度在 700mm，比如住宅厕所的门，它可供单人通过。而最常见的门，宽度在 900~1000mm，它可供一个人直接通过而另

一个人侧身通过，门的高度比正常人身高高一些，通常在 2000~2400mm 之间。同时门的大小也要考虑到门扇大小对构造可行性的影响。以常用的平开门为例，单个门扇的宽度通常不会大于 1000mm，因为门扇太大，重量太大，会使固定门扇的活页铰链承受过大荷载而受损。宽度大于 1000mm 的门，通常就会采用双开门。如果出入人流更多，需要更大的门宽度，就会采用多个双开门并列的情况，我们在商场主入口看到的大门就大多如此。

窗起到为建筑内部获得自然光、空气流通、视觉通透等作用，它的宽度可变性较大，要视室内的视觉、采光、通风等要求而定。根据开启方式，窗可分为固定、平开、推拉（左右、上下）、悬窗（上悬、下悬）、百叶窗等。普通的窗，窗台相对室内地面的高度在 900~1100mm 之间，也就是一般人的腰部位置，在需要特别防止空中坠落的地方，窗台也会加高到 1200~1300mm。有些窗子室内是私密性较高的空间，需要屏蔽视线的干扰，就会加高窗台至超过通常视线可及的高度。这类窗子称为高窗，常用在更衣室、公共卫生间等的外墙上。现在住宅中也常常采用"飘窗"，窗台高度降低到 450mm，成为一处座椅，但此时窗户需要加装防止意外坠落的设施，比如加装护栏等。还有一些窗子做成落地窗的形式，这样可增加室内的开敞感觉，但也需要加装护栏防止意外坠落。窗的上沿高度通常情况下就是窗子所在楼层上层梁的下沿。

四、建筑支撑与包裹

（一）支撑体系

建筑的支撑体系，通俗地说就是建筑结构。它通过使用一定的建筑材料和结构形式，来抵抗一定外力作用，获得所需要的建筑空间。

要了解建筑的结构，首先需要知道它要抵抗哪些外力的影响。对建筑的支撑体系来说，它所承受的外力称为荷载。例如，建筑首先要克服自身的重量，各层楼板还要承受内部的人、家具、器械的重量，屋顶要防止积雪压垮，强大的风力、地震波也可能使建筑垮塌，这些都是建筑结构需要考虑的受力因素。荷载从时间变化情况看可以分为恒荷载（如建筑自重）、活荷载（如屋顶积雪）和偶然/特殊荷载（如爆炸等），从方向上看可以分为垂直荷载（重力）和水平荷载（如风荷载、水平地震波），从产生加速度效果方面可分为静荷载（如住宅、办公建筑的楼面荷载）、动荷载（如振动、坠物冲击等），从作用面看可分为均布荷载、线荷载和集中荷载。荷载会使建筑结构构件发生应力和形变。建筑结构构件主要的受力形式有拉、压、弯、扭、剪几种。不同部位的建筑构件，受到的主要作用力是不同的。比如，在正常情况下，建筑的柱子主要受压，梁受弯。如果受力后构件的形变超过它的形状、尺寸和材料的限度，就会发生破坏，威胁建筑使用的安全。

用作建筑结构的材料，最古老的有木材、石材、砖材，后来出现了钢筋混凝土、钢材。也有一些规模比较小的特制的玻璃作为结构材料，以获得更加轻盈通透的效果。不同的材料，由于自身的力学性能差异，可以使其适用于不同的构件和结构形式。

1. 构件的受力

（1）荷载连续作用，且大小各处相等，这种荷载称为均布荷载。

（2）线荷载是力学的一种概念，建筑物原有的楼面或层面上的各种面载荷传到梁上或条形基础上，可简化为单位长度上的分布载荷，称为线荷载。

（3）集中荷载：反正作用在一个点上的荷载叫集中荷载，比如构造柱布置在梁上，那么这一点的荷载就叫集中荷载。

2. 跨度与垂直荷载

在建筑结构设计中，实现更大跨度的关键在于有效克服垂直荷载，这其中不仅涵盖建筑使用过程中的各类活荷载，还包括结构构件自身的重力荷载。此问题的解决涉及结构形式的选择以及建筑材料的合理运用两个关键方面。

采用平梁结构是减轻楼板与屋顶重量、达成空间跨度要求的常见手段之一。平梁在承受垂直荷载时，主要面临弯曲变形的挑战。依据结构力学原理，通过增大梁的截面尺寸，尤其是在高度方向上增加尺寸，能够显著提高梁的抗弯能力，从而有效应对垂直荷载。从传统的木梁，发展到钢筋混凝土梁、钢梁，再到钢桁架梁，随着材料性能的提升以及结构形式的优化，梁结构在实现自身重量减轻的同时，能够跨越的空间跨度也不断增大。

此外，将垂直荷载导致的构件受弯状态转化为沿构件方向的压力或拉力，并逐步将荷载传导至地面，也是解决跨度问题的重要途径。在建筑发展早期，由于可使用的建筑材料多为砖、石等抗压性能较好但抗拉性能欠佳的材料，为实现较大跨度，人们多采用拱、壳等结构形式，充分利用材料的抗压特性来承受荷载。而在现代建筑中，随着钢材等高性能材料的广泛应用，基于钢材良好的抗拉性能，悬索、拉索等新型结构形式应运而生，为实现更大跨度的建筑空间提供了更多可能。

3. 高度与水平荷载

水平荷载，如风和地震波对建筑带来的影响会随着建筑高度的增加而变得更加显著。一般的框架结构，在比较高的地方，风力会使建筑较高的楼层产生明显的水平方向位移，其刚度就不够了。这时就需要通过增加斜撑形成较大尺度的桁架结构，或者使用剪力墙构成的简体，来增加高层建筑的整体刚度，减小水平力造成的摇摆。

比如，混凝土抗压性能好而抗拉性能差，因此加入抗拉性强的钢材后，形成的钢筋混凝土就具有了更好的结构适应性。而建筑的结构形式，主要有砖混结构、框架结构、剪力墙结构、门式刚架结构、桁架结构、拱结构、薄壳结构、网架与网壳结构、悬索结构、索/膜结构等。建筑的结构形式是根据建筑空间的需求和建造的条件限制来选择的。创造性地进行建筑支撑体系的设计，有以下三个方面：第一，实现更大的跨度以获得更自由宽阔的内部空间；第二，实现更高的高度，产生更多可用面积以充分实现土地价值或创造更好的景观视野和城市天际线效果；第三，减少结构构件数量、尺寸和自重，以降低造价或者使建筑显得更加的轻盈与通透。在此过程中，起支撑作用的结构体系本身就可以展现出一种源自力学与材料物质特性的建筑美学效果。

（二）包裹体系

建筑的包裹体系主要包括屋顶和外墙两个部分。它们作为建筑的气候边界，起到了分隔室内外、保证建筑内部尽量少受到外界气候与环境变化影响、拥有较为恒定使用条件的作用。但同时，外墙又必须有门窗等与外界联系沟通的洞口，这些部分就是包裹体系需要处理的重点部位。

外界的气候环境影响主要有 4 个方面：雨雪、气温、日照与气流。包裹体系首先要隔绝雨雪对建筑内部空间的侵蚀，也就是其排水、防水功能。其次要尽可能地减少室外气温变化对建筑内部空间的影响，使建筑内部能维持尽量恒定的人体舒适温度，这就是它的隔热保温功能。而对于日照，主要通过包裹体系上的窗洞口，不仅为室内带来天然采光，也带来热量辐射，建筑在夏季与冬季对此需求有很大区别。而建筑室内需要空气流通来获得新鲜空气，但这又导致室内温度的不稳定，窗洞口是解决这一矛盾的关键构件。

（三）支撑、包裹体系与建筑空间的关系

支撑体系与包裹体系是在具体的建筑建造技术层面上的建筑构件区分：支撑体系抵抗荷载，包裹体系保证建筑环境质量。支撑体系与包裹体系既可以合二为一，也可以相互分离。例如，墙承重的建筑，外墙既起到支撑作用，也起到包裹的作用；而梁柱框架承重的建筑，外围的包裹体系就与其分离，不起支撑作用。

而水平、垂直构件，则是从分割限定空间上讨论建筑构件，它谈论的"构件"更加抽象，和支撑体系与包裹体系的区分不在一个层面上。而这些用于分隔、限定空间的水平、垂直构件，可以是起支撑、包裹作用的外墙、屋面，也可以是不起支撑、包裹作用的内隔墙等其他建筑构件。墙承重结构建筑的外墙，既是支撑体系的一部分，也是包裹体系的一部分。

构架结构的建筑中，主要起支撑作用的梁柱和主要起包裹作用的外墙分工较为明确。

第二章 建筑设计的构思与流程

第一节 建筑设计的构思与创意

一、建筑设计的构思方法

构思是一种原始、概括性的思想架构，是人对设计条件分析后的心灵反馈及试图将其转变为设计策略的过程。很多入门者在做方案时，常常感到无从下手，在被问及"想法"时也无以应答。在这种情形下，即使已经获得平面或造型，也会因偶发成分过重而缺乏根基，经不起推敲。灵感不是毫无根据的，建筑师首先需要明确具体任务要求，深入进行项目分析，发现、确定亟待解决的各方面问题，逐步接近关键与核心问题，再着力构想应对方法。构思是借助形象思维将抽象立意贯穿实施的重要步骤，是思想"建筑化"的过程，其中考虑的因素较为具体，从环境到建筑本体、从空间到形态、从概念到可实施性等多条线索同时考虑，互动整合。

（一）环境法

对场地环境的地形地貌、地段位置、气候、资源等特征进行分析，可以成为构思的起点。我国传统民居中有很多与自然默契交融的生存居住经验。地处丘陵地带的湘西民居采用底层部分架空吊脚楼形式，既避免了虫蛇侵袭和潮湿的地气，又能顺应坡地地形。

事实上，乡土建筑多奉行经验主义，它与当地自然环境和人文气质都极为和谐，因而成为很多建筑师推崇的美学对象与设计策略。例如，迈考比——考克建筑事务所设计的美国奥克斯福德库克住宅就吸取了当地乡村建筑中农舍、畜棚和草料仓等形式，建筑主体与车库由走廊和阳光室联系，形成长向舒展的比例，两坡非对称的金属波纹板屋面在混凝土砌块墙体上投射出深厚的阴影，如同民居的即兴视觉呈现。壁炉和烟囱则令人联想到传统住宅的典型要素，成为垂直中心能够收束视线。

周边现存建筑状况对拟设计建筑物有很大影响，新老建筑关系向来是有着争议且操作难度较高的实践活动。新建筑在建造之后势必要在相当长的一段周期内加入整体环境中成为其中的一员并产生影响，这就需要建筑采用合理的语言来阐释相互间的关系。

（二）功能法

功能是建筑物的基本要素，一方面，满足功能要求是方案设计的主要着眼点和目标之一；另一方面，可以通过建筑物的形态设计来突破传统的思维定式，赋予功能新的意义。功能法是从业主倾向及功能要求出发，分析空间分隔形式，确定设计主导走向。

建筑设计的功能布置通常体现在平面构思上，可借鉴合理的分区配置模式。建筑平面本质上是对建筑功能进行图示表达，同时又是对空间内外形态、结构整体体系等诸多设计要素进行暗示。平面功能设计受到多方面因素影响，如人的生理与心理差异性、人的行为复杂性及人的需要多样性等，都会造成平面功能的不同。这里将平面构思作为设计突破口，创造出新颖的环境建筑设计方案，要求设计师在解决平面功能的常规设计基础上，从创造独特平面形式的立意出发积极展开构思工作，通常有以下几个着手点。

1. 以功能演变为目的的平面构思

在环境建筑物设计中，满足平面功能要求是建筑设计的基本目标之一。功能问题实质上是反映人的一种生活方式，不同建筑类型的功能要求反映人的不同生活秩序与行为。随着社会经济发展、科技进步，人们的生活方式也随之改变，因此在建筑设计时，满足功能要求是基本，而通过平面构思去创造一种新的生活模式才是高境界。例如，中国现代城市住宅平面形制随着人们生活水平的提高与功能需求的改变，而发生了一系列变化。

2. 从流线的特殊性进行的平面构思

流线处理是平面设计中对功能布局的科学组织和对人的生活秩序的合理安排。尽管各类建筑的流线形式有简有繁，但都必须符合各自的流线设计原则。设计者在遵守流线设计原则的基础上，开创了另一种流线处理的新思路，获得了与众不同的新方案。

（三）思想法

思想法发乎感性，止于理念。建筑构思不是空乏游离的逻辑思辨，也不是设计说明中浅尝辄止、断章取义的文字游戏，更不是无端的情绪宣泄或简单地模拟具象事物形态及无谓象征。建筑既是物质条件限制下功利性选择的结果，又是建筑师意识流的外化显示。因此，同一建筑师在不同时空情境下设计的作品形象既独一无二，又相互关联，如果将这些共性特征放大去观察，人们就会发现它们差不多来自同源的"生成编码"，其编码特质属于建筑师个体的概念和手法。

概念不能凭空捏造，哲学美学背景是立意的基础，历史文化与思想情感是建筑编码的培养基础。例如，建筑大师齐康所设计的南京大屠杀遇难同胞纪念馆，借助交错的墙垣、片段式浮雕及大片沙砾和枯槁的树干，再现了灾难性历史场景，带动观者在参观过程中的情感跌宕，精准表达出最初的立意与定位。

值得注意的是，"写形"的"写"，意味着抽象在先，而不是单纯去模仿。它虽源于具象形态的启示，却应概括出高于形态的特征。过于真实的场景空间只会使观者被动地将其一比一还原为初始参照对象，毫无想象余地可言，这种造型手法并不高明。

（四）技术法

技术因素在设计构思中也占有重要地位，尤其是建筑结构因素。因为技术知识对形成设计理念至关重要，它可以作为技术支撑系统，帮助建筑师表达设计理念，甚至能激发建筑师的灵感，成为方案构思的出发点。一旦结构的形式成为建筑造型的重点，结构的概念就会超出其本身，建筑师就有了塑造结构的机会。

所谓的结构构思，就是对建筑支撑体系，即"骨架"的思考过程，使其与建筑功能、建筑经济和建筑艺术等诸方面的要求紧密结合起来。从结构形式的选择引导出设计理念，充分表现其技术特征，从而充分发挥结构形式与材料本身的美学价值。在近代建筑史中不少著名的建筑师都利用技术因素（建筑结构、建筑设备等）进行构思，而创作出许多不朽的作品。

任何建筑都无法凌驾于结构限制之上，有的甚至首先受到结构掌控。除了结构技术，建筑师还需考虑材料，构造技术及声、光和电等建筑物理技术。总之，技术法从构思阶段就充分考虑结构等技术因素的方案，从逻辑上显示出较高的可实施程度。

二、建筑设计的构思过程

要想建立建筑的立意和构思，就要敢想。立意是目标，构思是实现立意的过程、展开，表达技巧是实现建筑立意、构思的手段。建筑设计是创造人居建筑空间的过程，要体现人的物质要素和精神要素。一切的创作活动，都要符合人类的建筑艺术美学规律、建筑技术规范要求，坚持为人类服务。

实现建筑立意与构思，要有良好的建筑设计立意和构思途径与方法，要综合运用建筑的内在特征、建筑美学规律及建筑技术等，还要将感性思维、理性思维向图示思维，即设计图形转换。

良好的建筑立意和构思离不开建筑表达，建筑师要有良好的设计表达技法，来实现从二维向三维空间的转换。图形是建筑的语言，绘图是建筑师进行交流的语言，建筑设计立意和构思的手段与技巧就是要综合运用图形语言，这是建筑师的基本功。建筑师不仅要学习计算机辅助设计，还要加强对自身手绘、模型制作能力的培养，提高空间造型能力、艺术审美能力和建筑艺术素养。为此，建筑师要多绘制建筑速写，积累建筑立意、构思源泉。

建筑设计最终服务于人，要"以人为本"，要满足人的物质和精神的双重需求。建筑师要研究人的行为活动与生活需求，结合各类建筑特点、空间环境及地域文化等，有效解决建筑与环境、建筑造型与功能、建筑内部与外部空间、建筑与结构和设备、建筑与技术、建筑与经济、建筑与法规等的关系。跟踪建筑新科技，做到人性化设计，创作出符合时代精神特征与继承传统文化的有机建筑。

学习建筑设计构思表达，要经历一个循序渐进的过程，这个过程可分为以下几个阶段。

（1）从分析、模仿开始。初学者要学会分析、模仿，模仿优秀建筑作品，感受建筑，分析优秀建筑作品，培养兴趣，陶冶情操，这是学习建筑设计的入门阶段。

（2）在模仿的过程中，学习者对建筑设计需要保持执着与坚持的态度。面对浮躁社会要稳重，树立建筑理想、目标，并能脚踏实地，潜心求索，不懈模仿，不断探寻，这是建筑设计的积累过程。在这一阶段，学习者要勇于实践，不怕挫折，努力提升自己的审美观念。

（3）在坚持模仿过程中，学习者在提升建筑观念的同时，还要努力发现和寻找自己的个性，建立符合自我个性的设计理想、设计方法，从而实现建筑设计完美的个性创造。这是建筑设计由量变到质变的过程，是超越与腾飞的过程，是建筑设计走向成熟的过程。在这一阶段，人们要建立建筑观念、建筑立意及建筑构思，并能不断总结，从而掌握设计方法和表达技巧，能够独立完成学习任务，从而进行建筑创作。

三、建筑设计的创意来源

在建筑创作中，设计思维贯穿于建筑师创作的全过程，看不见、摸不着，却形成了设计思考点，连成设计思索线，进而形成完善的设计方案核心和关键。因此，整个建筑创作过程的设计思维，也可以说是设计中的思考或思考着的设计——建筑创意。

建筑创意的核心是设计思维的反复深化与表达过程。设计思维的思考点（创意点）、思索线（设计思路）是建筑创意的关键，也是影响整个建筑创作成功与否的重要因素。建筑创意的表现形式体现为一个思维过程，拥有过程性、表达性双重特征。建筑创作中的每一次进展表达，人们都可以将其看作是设计思维外化为建筑创意的结果。建筑创意的最终目标是综合各种因素（功能、技术、审美、地域、人文、生态……），通过不断反复的思考与表达，形成表达完美的设计方案，最终体现建筑的价值。因此，建筑创意是一个复杂的，综合各种因素而不断思考的，理性与感性思维、逻辑思维与形象思维循环往复的过程。

创意不是凭空而来的，而是积累后的顿悟；我们需要经历多次"理性—感性—理性"的反复之后，才能锤炼出优秀的方案。具体而言，创意的来源包括以下几个方面。

（一）异质同化与同质异化

1. 异质同化

所谓异质同化，就是变陌生为熟悉，将新的系统归纳、沉淀到人们所熟知的系统中。任何方案设计都不是真正从零开始、从无到有，而是以熟悉的空间、尺度为参考原型，根据人对生活模式和建筑模式的固有理解，从新的层面、新的路径不断进行改良提升。异质同化利于聚合思维，将复杂问题简单化、基础化。这就要求建筑师要研读大量的设计案例，让专业视角沉淀到潜意识中，在发散的思维中理出基本线索。

随着建筑师设计经验不断积累，社会学、哲学、历史、音乐、语言学、诗歌等各方面知识的融会贯通，都可能成为理解和构思建筑的"点金石"，建筑师也因此具备了自己的思想理论与哲学气质。埃森曼就与当代思想教父德里达等哲学家保持着深厚友谊，甚至相互合作将他推崇的解构哲学审美化、图解化。与解释他人哲学的建筑师不同，还有一类建筑师是自创哲学的宣扬者，并通过实际作品来不断诠释。历史上莱特创造了"有机建筑"理论，密斯用"少就是多"表达技术干预的高效性，迈耶以白色建筑成了抽象巴洛克美学的歌者。由此可见，哲学与美学在建筑领域内的异质同化，已经成为让建筑更加内在化的精神推动。

2. 同质异化

所谓同质异化，就是变熟悉为陌生，破除思维定式和稳态，举一反三，不要将人们熟知的规律变为迂腐和毫无生气的累赘，要善于联想、转化、变换。比如提及空间，很多人容易采用在平面图上"拔高"产生立体的做法，事实上空间并不一定只是"方形"，界面不一定全部封闭，墙、顶、地也不一定就是水平面和铅垂面以正交模式交接。简洁几何形也并不意味着形态单调。标高变化、错层设置、空间渗透，最终可以创造出多元语境。只有兼顾异质同化与同质异化原则，才能引导思维在发散与聚合、横向与纵向之间跳跃转换，让设计者具备日臻成熟的个性化专业素养。

（二）类比与移植

在建筑设计中，类比与移植的创造性技能就是借助不同建筑类型或其他事物，深入细致地比较其相似与相异之处，直接或间接进行联想想象、移花接木、转换改型等。

人类总是依靠憧憬为动力不断进步和迈向未来。我国在两千多年前就曾削冰块制成聚焦透镜以太阳能点火，在汉代就发明了用金铜合金制成反射聚焦凹镜"阳燧"集热器。当代建筑又从向日葵的生物智能得到启发，发明了可以跟踪阳光方向的日光捕捉器，并在建筑底部安装旋转平台使其整体转动，以主动充分利用太阳能。对环境和自然科学的关注，使一些建筑师从遗传学和神经机械学等角度模拟设计智能生长建筑物，其根部演变为地基，细胞膜与表皮如同墙壁等围护结构，毛孔则与建筑中的门窗功能类似，建筑外观及内部家具都能像生物一样被定制栽培，运用显微技术和分子基因工程，这种类植物体的建筑生长由感应敏锐的向性所引导，通过动力装置、光纤传感和其他组件对环境和结构应力做出反应，"智慧型"材料及成熟的电脑程序可以使建筑成为极为活跃的人造物。理论上讲，与之相关领域的专门化研究每一次进步，都使这种构想更接近真实。由此可见，建筑设计采用类比与移植，引入非常规思考角度，将其他学科结构、知识特征与思考方法进行概括性迁移并植入本学科领域，都可能产生另类的创意构想。

（三）整合与重建

所谓整合就是将不同对象进行信息、原理、技法等多方面的解析、重组与创新。这当然要求建筑师具有开阔的视野和一定深度的知识层面，除了专业学习，建筑师还应拓展兴趣、集思广益。事实上，设计主题切入点的随意性很高，手段也很多，人们可根据各自不同的兴趣寻找相关资源，利用网络、影像甚至电脑游戏等来补充传统调研的局限性，最终锁定契合目标。在多领域边沿融合的趋势下，整合不仅可以是设计素材的梳理与组织，也可以是设计技巧和手法的变通。

作为时下频繁使用的名词，整合的真正含义却很容易被某些忽视文脉与地域特性的平庸设计偷梁换柱。事实上，整合并不意味着盲目模仿或多样堆砌，"舶来"与"玄想"都不可取，而正是一点一滴的"破"与"立"重构了艺术创作。建筑师首先要在纷繁复杂的思潮与手法中不迷失立场，扬长避短，然后再结合地域差异性因素，确立建筑功能个性，汲取传统文化的同时也切中时代需求，以整合后的"语言"来建构新"模式"。

20世纪80年代后，西方后现代、解构思潮一起涌入，使我国建筑文化的发展陷入混沌之中。面临这样的局面，我国建筑师迫切需要重新唤回建筑师应该具有的民族本位意识，合理定位，重建具有地域特色的建筑体系。事实上，我国已经有一批建筑师正以切实的设计实践对中国建筑何去何从的问题进行解答。一部分先锋设计师融合多种艺术形式，力求从大艺术的哲学美学层面上"体验"建筑。他们在对西方前卫建筑观念、方法与中国因素比较的过程中进行选择性创作，保留与突破共生，借鉴与挑战并存，加快了当代建筑思潮的本土化进程。例如，张永和及其非常建筑工作室对西方解构建筑生成编码进行了替换，选择汉字作为"生成""叠加"的基本元素，试图以自治的"基本建筑"形态阐释"中国化"建筑观念。还有一些建筑师则从"宏观"的观念艺术走向"微观"的实效创作。

（四）逆向思考

逆向思考是极端发散思维的结果，指有意寻找矛盾对立面、颠倒主客体关系、克服思维流程单一性、突破观念壁垒的否定式创作方法。在设计时，次要的、被动的、隐性的因素如果被重新挖掘考量，加以强化，使其成为显性要素，很可能使整个体系发生质地改变。初学者常希望"一条道到底"，但在方案进展中，往往会"南墙横亘"或"道路分叉"，此时我们应该退后环顾，大胆质疑，设置不同层次的假设和反问，将思考的关键方向调换。

第二节　建筑设计的流程、手段与方法

一、建筑设计流程

（一）建筑设计阶段

1. 前期准备工作

建筑师进行建筑方案构思与设计前应做好充分准备，其内容包括以下两部分。

一是充分了解建设单位（业主）对新建工程项目的具体设想和要求。建筑师一般在细致阅读、分析建设单位所提供的工程项目建筑设计任务书表述的内容后，做出笔记或分析图。其分析图包括各种流线分析，不同的使用功能、规模的空间，建筑物理性能不同空间要求的分区分析等。当建筑师发现任务书中存在疑难问题或是技术上、规范上相矛盾的问题时应及时与建设单位沟通，以免建筑方案设计走弯路。

详细了解所在城市规划管理部门所提供的规划条件和图纸。其中图纸内容应标注建设用地范围和建筑红线的地形图；该建设地段与道路关系（包括道路中心线平面尺寸和高程）；地形、地貌、方位和障碍物等。如果该地段已做过城市设计，还需查阅城市设计对该地段建设的一些具体要求和规定，不能忽略城市规划部门的有关要求。

现场踏勘和调研建设场地。细致观察与广泛收集该建设场地自然、人工、人文环境的特点和信息。根据工程项目需要，调研范围可以扩大到四周环境及建筑在城市中的区位关系，乃至整个城市历史文脉和建设风貌，所在城市风向、气温、日照角度、温度、地下水位、抗震设防和防洪等情况，这些都可能成为建筑方案构思与设计的基础素材。

二是建筑师本身应具有基本专业素质及创新能力。基本专业素质是指建筑师应掌握建筑学的专业及基础理论、建筑设计方法和表达方式、建筑综合科学技术、中外建筑史、人文和艺术素养、建筑基本法则和经济知识等，还有通过工程实践所获得的建筑设计经验并熟知国家规范、政策要求等。

建筑设计领域的创造能力包括创造性思维能力和想象的物化能力。这两种能力互相联系、相辅相成，也必然促使建筑设计呈现出明显的创造性。

（1）创造性思维能力。创造性思维能力包括记忆、逻辑、发散、想象和直觉能力等。记忆能力是创造性思维活动的"库房"，必须具备思维信息储存、提取和运用的条件，建筑师头脑中记忆的相关事务和形象越多，其联想、重组和创新的可能性越大，同时也增强了建筑方案构思中的创造力。逻辑能力在建筑创作中发挥的作用不同于其他艺术创作，它受到方方面面的制约，具有一定的自身原则性和严谨性，因此单靠建筑师直觉和灵感是不够的，需要人们通过理性逻辑分析、矛盾梳理、合理选择和优化处理等环节形成理想的创造性建筑方案。发散能力是通过拓展思路、变换角度和调整方位来提供多种创新渠道和机遇，运用在建筑方案构思过程中可启发出体现整体或局部不同发展方向和成熟渠道的可能性，可能性越多，形成创新性建筑方案的概率越大。想象能力具有思维不断重组和整合的功能，在创新思维活动中具有重要意义，它可以调动和激发建筑师的创作潜力，使其不断出现有益的创新思维成果。直觉能力是一种感性观察和主观判断的综合能力，体现了经验积累和主观意识的结合，往往在错综复杂的矛盾中，靠理性无法判断时，直觉能力可以帮助建筑师做出选择。超前洞察力可使建筑师把握本质，探求根本，抓住要点统观全局，其往往也是产生"灵感"的内在因素之一。

（2）想象的物化能力。想象的物化能力是指在建筑方案构思与设计过程中，建筑师可以将想象的物体形象准确、完整地表达出来，手绘草图在这一过程中有着特殊的作用，建筑师将头脑中的想象（立意主题）转化成相对固定、可感知的物体形象（原创图形），形成可以交流和审视的建筑语言，这需要建立在建筑师具备熟练手绘草图表达手段的基础上。

2. 方案设计阶段

为了保证设计质量，避免发生不必要返工，建筑设计应循序渐进、逐步深入、分阶段进行。通常将设计过程划分为若干个阶段：国际上一般分为概念设计、基本设计和详细设计三个阶段；我国的建筑设计过程按工程复杂程度、规模大小及审批要求，一般划分为方案设计、初步设计和施工图设计三个阶段。各阶段的设计文件应符合国家规定的设计深度要求，并注明工程合理的使用年限。方案设计阶段侧重于建筑内外空间设计和环境空间设计。其成果图包括总平面图、各层平面图、立面图、剖面图、效果图、预算书、建筑设计说明书。

3. 初步设计阶段

该阶段是在方案设计的基础上进行深入建筑设计，同时进行结构、设备的技术设计。

其成果图包括总平面图、各平面立面剖面图、重要节点详图、结构选型与布置图、材料用料预算书、设备技术图、专业设计说明书。

4. 施工图设计阶段

该阶段在初步设计的基础上进行详细施工图设计，并以此作为施工依据。

其成果图包括总平面图、各平面立面剖面图、各节点详图、结构施工图、施工说明书、设备施工图、设备说明书。

（二）建筑设计文件内容的深度

1. 方案设计文件的内容

依照中华人民共和国住房和城乡建设部文件《建筑工程设计文件编制深度规定》，方案设计文件要根据设计任务书进行编制，应包括设计说明书、设计图样、投资估算、效果图四个部分。一些大型或重要的建筑根据需要可加做建筑模型。

2. 初步设计文件的内容

（1）初步设计文件。初步设计文件根据任务书或批准的可行性研究报告进行编制，由设计说明书（包括设计总说明书和各专业说明书）、设计图样、主要设备及材料表、工程概算书四部分组成，其编排顺序是：①封面；②扉页；③初步设计文件目录；④设计说明书；⑤设计图样；⑥主要设备及材料表；⑦工程概算书。

在初步设计阶段，各专业人员应对本专业内容的设计方案或重大技术问题的解决方案进行综合技术经济分析，论证技术上的实用性、可靠性和经济上的合理性，并将其主要内容写进本专业初步设计说明书中。同时，设计总负责人应在设计总说明书中对工程项目的总体设计进行论述。

（2）总平面图设计说明书。总平面设计说明书应对整体方案的构思意图做出详尽的文字阐述，并列出技术经济指标表，包括总用地面积、总建筑面积、建筑占地面积、各主要建筑物的名称和高度、建筑容积率、建筑密度、道路及广场铺砌面积、绿地面积、绿地率等。总平面图纸应包括的内容如下。

①用地所在区域位置。

②用地红线范围，包括各角点测量坐标值，场地现状标高，地形、地貌，其他现状情况。

③用地周边情况反映：用地外围城市道路，市政工程管线设施，原有建筑物、构筑物，周围拟建建筑，原有古树名木，历史文化遗址。

④总平面布局：功能分区、总体布局、空间组合；道路及广场布置；车流、人流等交通组织，停车位，消防设计，绿化布置。

（3）建筑设计说明书。建筑设计说明书的内容包括以下几个方面。

①设计依据及设计要求：包括计划任务书或上级主管部门下达的立项批文、项目的可行性报告批文、合资协议书批文、红线图或土地使用批准文件、城市规划等部门对建筑设计的要求、建设单位签发的设计委托书及使用要求，还有可以作为设计依据的其他有关文件。

②建筑设计的内容和范围：简述建筑地点及其周围环境、交通条件及建筑用地的有关情况，如用地大小和形状，水文地质，供水、供电、供气状况，绿化和朝向等情况。

③方案设计所依据的技术准则：包括建筑类别、防火等级、抗震设防烈度、人防等级和建筑及装修标准等。

④设计构思与方案的特点：包括功能分区、交通组织、防火设计与安全疏散、自然环境条件和周围环境的利用、日照采光和自然通风、建筑空间处理、立面造型、结构选型等。

⑤垂直交通设施的说明：包括楼梯、自动扶梯和电梯选型、数量和功能划分。

⑥节能措施的必要说明：特殊情况下还要对温度、湿度等进行专门说明。

⑦技术经济指标及参数：包括总建筑面积和各功能分区的面积、层高和建筑总高度，住宅建筑中还包括户型、户室比、每户的建筑面积和使用面积，旅馆建筑中还包括不同标

准的客房房间数、床位数等。

（4）建筑设计图纸。平面表达图纸是建设单位关于建筑使用功能布置的图纸，它用来反映建筑各功能空间的内容及相互关系。平面图的具体内容包括以下几个方面。

①要表达平面的总尺寸，开间，进深尺寸及结构受力体系中的柱网、承重墙位置和尺寸。

②表达各使用功能房间的名称。

③表达各楼层的地面标高、屋面标高。

④表达室内停车库的停车位和行车线路。

⑤底层平面图应标明剖切线位置和编号，并应标示指北针。

⑥必要时，要绘制主要用房的放大平面和室内布置。

⑦表达绘制图纸的名称比例或比例尺。

立面是表达建筑外表空间形态的图纸，平面、剖面使建筑具有建筑空间形态，而立面使建筑具有人性化的特征，立面要在建筑构思草图的基础上完成以下工作内容。

①要体现建筑造型的特点，选择绘制一两个有代表性的立面；要有关于建筑材质、色彩地表达。

②要表达各主要部位和最高点的标高或主体建筑的总高度。

③当与相邻建筑（或原有建筑）有直接关系时，应绘制相邻或原有建筑的局部立面图。

④表达绘制图纸的名称、比例或比例尺。

剖面是表达建筑空间层次的图纸，平面图在剖面图的引领下使建筑平面具有空间形态。应在建筑构思草图的基础上完成以下功能要求。

①要表达高度和层数不同、空间关系比较复杂的部位。

②要表达各层标高及室外地面标高、建筑的总高度。

③建筑若遇有建筑规划的高度控制要求时，还应标明规划控制最高点的标高。

④表达绘制剖面的编号、比例或比例尺。

（5）效果图。效果图可为透视图或鸟瞰图，图纸数量和表现手法视需要而定。

（6）建筑模型。建筑模型根据建设单位的要求制作，或设计部门认为有必要时制作，一般用于大型或复杂工程的方案设计。

初步设计文件的深度应满足以下要求。

①应符合已审定的设计方案。

②能据以确定土地征用范围。

③能据以确定主要设备和材料。

④应提供工程设计概算，作为审批确定投资的依据。

⑤能据以进行施工图设计。

⑥能据以进行施工准备。

3．施工图设计文件的内容

施工图设计应根据已批准的初步设计进行编制，内容以图样为主，应包括封面、图纸目录、设计说明、图样、工程预算书等。施工图设计文件一般以子项为编排单位，各专业的工程计算书应经校审签字后整理归档。

施工图设计文件的深度应满足以下要求。

（1）能据以编制施工图预算。

（2）能据以安排材料、设备订货和非标准设备制作。

（3）能据以进行施工和安装。

（4）能据以进行工程验收。

二、建筑设计的手段

建筑设计的手段随着科学技术发展不断变化和完善。建筑设计表达手段的基本条件是能及时和准确地表达建筑方案构思内容，方便提供给下一个阶段有关图纸资料，有利于建筑方案构思不断完善直至建筑方案成熟，能与业主和其他专业人员进行沟通等。建筑方案构思与设计表达手段可归纳为以下几种。

（一）手绘草图

1．徒手草图

徒手草图通常是通过半透明的草图纸（包括硫酸纸和图画纸等）来表达方案构思内容，所使用的绘图工具很广，包括铅笔、碳笔、钢笔、马克笔、油画棒和毛笔等。绘画时可以黑白单线勾勒，有时为表现立体感还会辅以色彩。其绘画工具选择、表现形式和画面大小等，可根据建筑师自身特长和喜爱、工程项目规模大小与不同设计阶段等具体情况而定。

2．仪器草图

仪器草图是徒手草图的延续，让创意内容更真实可靠，但又不丢失徒手草图基本特征。一般选用各种硬头笔作为绘图工具，图纸也可使用半透明和不透明纸张。

（二）计算机绘制草图

随着计算机硬件和软件不断发展，相关计算机绘图软件不断升级和改进，计算机绘图技术正朝着更为快速、简便和人性化方向发展，但其与方案构思原创阶段表达立意主题所显露的随意性、激情性、瞬时性和及时性尚有一定差距，因此在建筑方案构思设计原创阶段采用徒手草图表达较为适宜，进入调整阶段及成熟阶段可采用计算机绘图手段。

选择计算机绘制建筑动画形式，可以使建筑方案构思与设计表达的手段更为准确、全面和真实，使人产生身临其境的感觉，有利于与业主、业外人士沟通。但由于制作复杂、时间长和投入大，一般比较复杂而规模大的工程项目在成熟阶段和成果表达阶段才采用建筑动画形式。

（三）建筑模型

一般在工程项目地形复杂、规模较大和有不同方案构思与设计阶段可采用建筑模型表达手段。建筑模型材料包括橡皮泥、聚塑板、硬纸板、薄木板、有机玻璃板等。其表达手段具有很好的立体感、空间感、尺度感和真实感等特点。

建筑模型材料应根据不同建筑方案构思与设计阶段要求和特征进行恰当选择，如在原创阶段可采用橡皮泥，调整阶段可采用聚塑板或硬纸板，成熟阶段可采用有机玻璃板或薄木板，这样才能达到预想效果。

三、建筑设计的方法

（一）平面布局

建筑平面图一般指从上俯瞰建筑物或水平剖切后朝下的水平正投影图，通常指各层平面及屋顶平面图。

任何建筑都有其建设的用地，任何建筑都不可能脱离环境而存在。在进行建筑设计表达时，建筑师必须绘制建筑总平面图，以表达建筑环境。平面设计图可以使人们充分体会建筑与环境的关系，了解建筑师的创作意图和构思脉络。

建筑所处的环境可分为自然环境和城市人工环境。表达自然环境要着眼于建筑与自然环境的有机联系，自然环境表达往往大而丰富，体现出建筑与自然的和谐共生。对于城市人工环境，设计重点是表述建筑与道路、广场、绿化等人工设施的关系，新老建筑间的有机联系，还有建筑群体组合关系。在表达自然环境时，要有机组合建筑、山、水等要素，有的需要保持原样；有的需要整合改造，以衬托建筑；有的需要借助地形、地貌的不规则形状表达地面起伏、曲回，以活跃画面构图气氛，实现建筑与环境的完整统一。要实现建筑与环境的完整统一，应充分运用色彩渲染，通过色彩的颜色变化、饱和度变化、明暗变化，表达地面、水体、绿化、树木、建筑、阴影等要素，使画面有立体感。

在满足设计深度内容的基础上，平面图要关注图面表达的艺术性，着眼建筑室内外环境空间与使用功能表达。表达一层平面图，要涵盖外部环境，要充分重视一层平面在画面构图中的决定性作用，完美表达平面环境能为画面增色。平面表达不仅停留在房间划分、结构体系表述、门窗设置，也要关注室内家具陈设、室外庭院空间，还有与室外空间关联的山体、水体、绿化、树木、广场、铺地、小品等要素。平面表达要突出建筑主体内容，线条要有粗细，建筑主体轮廓要加粗，而环境要素往往要用细线给予弱化。平面各部分功能也经常涂以不同的颜色，以提高平面的艺术表现力。平面表达内容，要符合建筑统一的比例、尺度，体现建筑与人的和谐美。

行业内提倡图解思考的方法，用方框图或泡泡图来梳理思维，也就是变个案特殊性为惯常模式，将繁复的表象和活动特征同化、归类。在《建筑设计资料集》中我们可以看到每类建筑都以特定的功能分析图式来反映其共性，然而功能模型或方框图并不是平面图，它只为建筑师提供了功能区块的主次亲疏关系，而具体的平面配置还有待确定。

设计一个平面图，就是明确和固定某些想法。平面图一般应该明示或暗示四个方面的信息：一是功能分区；二是流线组织；三是空间形态；四是造型意象。但是这四者之间不存在某种唯一的对应关联方式，也就是说同样的功能区划关系可能有不同的流线组织方式，同样的平面图也可能生成多种形态的空间与立体。

1. 考虑建筑环境与用地要素

建筑场地中的地形地貌，周边建筑群体的方位尺度，人行、车行道路等都是影响总平面布局的要素。深化时建筑师应重新审视已有平面配置能否兼顾场地因素，要考虑以下几方面内容。

（1）考虑对不规则地形的顺应关系。

（2）如果是分散布局，其占用与围合生成的"负形"环境空间应完整。

（3）主要出入口与人流、车流道路应联系便捷，导向关系应自然。

（4）优化主要功能的空间朝向。

（5）没有自然采光和通风的"黑房间"。

只有有针对性地解决好以上问题，才能进一步调整平面配置。

2. 考虑建筑体量与空间构成

不断推敲体量穿插与空间构成关系，能反过来促进平面调整。例如，采用几何形体"相加"主导造型，建筑师需及时对已经生成的平面进行检查，检查单体之间咬合得是否合适。采用坡屋顶造型，建筑师则要简单绘制出可能产生的屋顶平面图，还有空间交接关系示意透视图，检验两坡、四坡、歇山等坡屋顶能否按照设想意图合理搭接，是否出现衔接不上、形体怪异或者不利排水等弊病。

3. 细化研究区域及各个要素

建筑的每个区域及要素都需要细化研究，任何小改变都可能引发建筑格局变动。例如，门窗洞口的平面位置及形式不仅直接影响空间围合程度，同时还影响内部家具的布局形式及采光、通风与景观要素。在组织交通时，应检查平面中是否有房间套穿；尽端走道能否归属于某一房间而扩大使用面积等。在推敲建筑入口时，应检查室内外是否有标高差异，以避免雨水进入；平台、踏步等宽窄是否合宜；是否考虑无障碍坡道等。因此，这也是一个逐步合理化、可实施程度越来越高的过程。

4. 考虑介入结构与设备因素

造价经济、结构难度低及便于施工等是优化可行的建筑方案首要考虑的因素。对于大多数几何直线形态建筑，当建筑师已经按照任务书核准了平面各区域面积时，如果房间大小不一、形式各异，就要尽量采用一套"骨骼"，以对原有平面形进行调整，将其纳入规律化、均匀化的结构体系当中。原有不在结构网格轴线上的承重墙体、立柱需重新对位，使建筑具备模数化的开间与进深。另外，为了保证给排水与排污的合理便捷，卫生间应尽量上下对齐，厨房不应位于卫生间正下方。

（二）剖面设计

剖面图是指建筑被与之相交的铅垂面剖切开后的垂直正投影图。有些建筑师在方案深化推敲中，认为剖面图太抽象，没有必要，也没有能力对其进行分析，只在最终环节程式化地选取纵横两个方向剖切空间，并反映在成果图纸中就草率了事。事实上，从草图阶段开始的剖面研究，或能启发构思，或能控制空间形式与尺度的发展，或能检验结构、构造与细部的合理性，是设计进程中不可或缺的平衡码之一。

建筑师在满足设计深度内容的基础上，要关注图面表达的艺术性，剖面图着眼建筑室内外环境空间相互联系的表达，体现出空间的分隔、交流，空间的高低，空间的序列等要素。

剖面的位置选择，要体现出建筑空间的人流展开序列，宜选择建筑入口、建筑楼梯、建筑厅室转换、建筑空间变化等处。建筑师在进行剖面的设计和绘制时，应认真研究内部空间的组织和处理，并进行充分表达。

表述剖面时，要充分体现建筑空间的结构美，如完整表述建筑钢结构、框架结构及承重墙等。表述剖面时，可以表达室内装修、陈设，以求得画面的艺术性，完善设计构思。在剖面图中，剖断线要给予强调，明确空间的范围与周界。

为提高剖面功能空间的尺度感和流动性，建筑师经常绘制剖面透视图以提高艺术表现力。剖面透视图使各功能空间关系一目了然，通过室内陈设、室外环境配置增强空间的尺度感，这种表现形式令人耳目一新。

1. 推动整体构思

很多建筑大师的设计构思草图，除了有直接透视意象之外，还有粗犷不羁、富有弹性的剖面示意，它们恰到好处地揭示出项目面对的主要矛盾及建筑师巧妙的解决办法。对于坡地建筑，剖面分析不仅能提供形体顺应坡度跌落的思路，以减少土方开挖量，还可以利用高差，巧妙安排不同主次出入口，做到人车分流，甚至能启发新异的空间构想。例如，PTW 建筑设计事务所设计的澳大利亚悉尼邦德区建筑项目位于高低街区之间，设计师通过剖面分析，将建筑毗邻地势高街道的一面退后并覆顶，自然形成中庭，成为为各层提供通风对流、阳光采集的巨大 "L" 形 "井道"。此时，剖面草图所反映的空间特征控制着设计发展的整体方向。由此可见，对于以垂直方向空间变换作为突破口的设计，往往需要在剖面上花更多心思研究，如部分地下空间、共享中庭、空中花园、过街骑楼及错层夹层空间的设置，只有通过剖面标高配合形态探求，才能找出解释空间的最佳词语。

2. 确立空间纵向形象

剖面分析是触及建筑内部的重要步骤，直接显现出空间界面的纵向形象。建筑师夸张大胆的造型手法，源于平面与剖面都呈饱满曲线的思考，球体斜曲面正好顺应了内部沿阶梯上升的演讲厅空间，同时也成为立面突变要素。

通过剖面，人们还能对各个空间长、宽、高比例有明确认知，进而确立建筑层高、各空间高差、楼梯级数、坡道坡度及入口、屋顶女儿墙等构件高度。

由此可见，剖面也是传达纵向尺度感受的载体。

3. 检查结构构造

随着图纸的深化与比例的放大，很多问题将会逐步暴露，如果建筑师不适时进行剖面推敲，可能会错失纠正的良机。因为在剖面图中，立柱与梁、墙体与楼板之间是直接 "碰撞"，能直观提示设计的结构构造是否合理。剖面设计反映出建筑师对空间、结构常识的掌握程度。除此之外，建筑师可利用剖面对建筑物理要求较高的环境进行直观分析。例如，在观演类建筑中，人们除了以视线分析图来检测排座布置与台阶坡度是否合理、有无视线遮挡等弊端外，还通过声线反射图来研究从声源到空间界面的声音分布是否均匀。同样，利用剖面图来分析诸如日照间距、采光遮阳、风向引导、隔音构造等问题，也更容易找到解决途径。

（三）立面造型

建筑立面图主要反映建筑物的比例尺度、界面形态、材料铺设与色彩关系，还有门窗、雨篷、遮阳等构件细节。立面图是对造型组合深化加工的结果，但并非完全被动的体现，之所以要在体量构成之后再更仔细研究立面，是因为面也具有相对自主的特征。

立面造型在满足设计深度内容的基础上，要关注立面造型表达的艺术性，因此要表达建筑以下几个方面的特征。

（1）表达建筑的凸凹层次变化，展现建筑的界面和层次。

（2）表达建筑的光影变幻，展现建筑的体积。

（3）表达建筑的虚实变化，体现建筑的主次关系，使画面有重点。

（4）表达建筑饰面的色彩与质感，使建筑生动、形象、逼真。

（5）表达建筑总体与各部分之间的清晰建筑轮廓，重点部位要给予加粗强调。

（6）要表述建筑的环境要素，如天空、绿化树木、人物、车辆、小品等，丰富建筑画面，体现建筑与环境的联系。有时为表达建筑水面环境，建筑师经常绘制水面倒影以表达水面波光，增强建筑的灵动性；有时将地面绘制成透视效果，以增强建筑的景深感，丰富建筑画面。

1．考虑比例与尺度

（1）比例。如果将音乐视为几何学的声音化，建筑则是将数学转化为空间单位的艺术。比例这一概念通常分为两类，一类基于数比，另一类源于感性，可以直观把握。

基于严格数字关系的比例：这类比例是指局部与局部、局部与整体，或某一个体与另一个体之间的数值、数量或程度上的"数的和谐"关系。最常见的连续比例数列是算术数列（等差数列）和几何数列（等比数列）。建筑师将这种数字比例关系运用到空间或立面上，总结出了一些兼具美感和理性关系的图形划分与组合定式。他们利用等量或和谐数列关系来推导平面、确定立面体量及门窗洞口的高宽比例，找出等同或相似关系，绘制出规律控制线，这是建筑用以增强其数理逻辑的思路与先导因素之一，但其并非处理立面所恪守的机械"处方"。

可直观把握的比例：并非所有具备良好视觉感受的比例都基于严密的数字关系，人们更不能寄希望于它能带来近乎神秘的绝对完美。更多时候建筑师还是以直观把握比例感觉为主，将各部分配置出均衡的形式美感。

（2）尺度。与比例一样，尺度也是数量之间的比较衡量关系，但比例强调数的和谐的绝对性，而尺度则偏重量化的相对感受。在形状、大小都相同的两个建筑立面图上，如果画有不同尺寸、不同行数的窗洞，建筑师很容易根据窗洞行数来直观判断建筑层数，并进一步推断建筑总高。由此可见，参照单元不同，就可能引起完全不同的尺度判别。在很多建筑立面上，既可找到与人体相匹配的一套尺度体系，同时还可读出关乎整个城市的另一套尺度。如高大的雨篷之下还设计了尺度宜人的入口与细致的门扇，既兼顾建筑整体性，又考虑到与人近距离接触贴合部位的亲和力与使用便捷性；又如在建筑外部楼梯栏杆扶手处理上，为了不致立面显得太过纤细，就需刻意扩大尺度或采用厚重材料来强调块面感。

根据尺度大小可将尺度分为亲密尺度、一般尺度、纪念性尺度、巨大尺度。前两者可满足普通社交需要；后两者则指远远超出普通视觉观察范围，甚至如同浩渺苍穹般的距离感。具有亲切感的体量、要素及纹样，其尺度在人的心理空间中具有确定范式。如果改变比例或等比例地放大、缩小，都会产生非同寻常的感受。例如，纪念性建筑中超高、广阔的空间与人的关系就疏远陌生，这样才利于显示其主率性的震撼力量。

建筑空间为人使用，人自然成为建筑空间的基本标尺，即人体为建筑空间提供了最为基本的尺度参照。即便不同个体的人的身体尺寸存在差异，建筑师依然可以依据一个大致的标准去度量空间尺度是否合理。柯布西耶在对建筑空间尺度进行研究时，便以一个虚拟的"尺度人"为依据。"尺度人"进行一系列动作所体现出的身体形态及相应尺寸，成为建筑师重要的设计依据。例如，公共楼梯的梯段宽度应满足两个人对向行走的宽度要求，则设计时可以估算其最小净宽度应为两个人的肩宽，至少为 1.1 m；厨房灶台的高度一般为 0.75 m 左右，人们切菜、烹调都会感觉比较舒适，这与人们站立时身体略微前倾的人体尺寸数据有关。以"尺度人"为参照，建筑师可以获取最为紧凑的建筑空间尺寸，然而这一尺寸未必是舒适或安全的，"尺度人"或者说人体尺度的意义在于它为建筑师提供了一个基础数值。

建筑的使用者往往不局限于单个人，也许是一个家庭或是为公众服务，在考虑空间尺度的时候建筑师需要分析使用者的数量、频率和性质，并以人体尺度为计算基础来获取恰当的空间尺度。在建筑空间中，很多空间的尺度并非直接由人的身体来决定的，但其目的都是为了满足特定功能的要求。例如，体育场馆空间普遍较高，羽毛球场地的净高要达到 9m 才能满足羽毛球比赛的空间高度要求。

对空间尺度产生影响的因素不仅仅是人体的几何尺寸，在明确的实用性需求以外，具体空间尺度还与人的心理需求有关。一般而言，较为接近人体尺度的空间比较亲切，更大的空间尺度则显得公共、正式。面对亲切的家人、熟悉的同事或是陌生人，人们会对自己和他人之间的距离加以调节，这种距离调节是普遍且无意识的。建筑空间则要为这种调节提供可能，于是空间尺度往往较为紧凑的空间需求（人体尺度）被放大，以满足人们的心理需求，即符合"礼仪"的人和人之间的空间距离。

2. 考虑变化与统一

在建筑设计中，立面变化是必然的，因为功能、空间和造型的复杂性及多重要素的复合叠加、协调兼顾，最终生成的体量组合本身已经存在方向、形状曲直上的对比，再加上立面虚实凹凸、光影材质、门窗细节等各方面的不同，必定造就充满变化的立面。问题在于人们如何将这些变化的要素统一在同一建筑中而不至于因为凌乱繁复的特征伤害建筑的完整性，造成可供视线捕捉和心理描述的整体参数缺失。统一并不意味着整齐划一，也不排斥建筑对趣味性的追求，基于变化基础上的统一，其目的是为建立一种动态秩序感。

（1）变化

对比变化：对比是一种强烈的突变，即要素之间质、量、性的差距很悬殊，会造成醒目刺激。例如，在改造旧建筑及加建项目中，古典建筑外墙采用厚实的石材铺设、简洁大气，而新建的玻璃墙面与旧有体量直接交接、光洁闪烁，构件细部也精致到位、细腻完美，这种明显的个性反差表明了新旧建筑针对不同时代的不同态度。

微差变化：微差是一种要素之间的细微变化，它有一定的量化限度，即视觉上能够辨别判断的差别，而不是通过仪器才能测量到的、十分细微的物理变化。与对比的跳跃性特征相比，微差以细腻而有节制的改变带来视觉层次上的自然过渡。利用微差可以有效地补充和矫正视错觉带来的局限性。一组要素有规律的渐变是一种特殊的微差。当要素达到足够数量时，就会因相同特征的重复而带来秩序美感。例如，法国建筑工作室设计的巴黎库瓦赛大学生住宅，弧形墙面折线状外凸窗户的厚度渐次增加，在形成如等差数列般节律的同时，也巧妙地转变了窗户的朝向。

（2）统一

造型艺术依靠形状、尺度、方向、光影、色彩与材质等各要素传达综合意象，同时也需要保持其间的多角度平衡。形态表达离不开光影互动，如果光线均匀且广泛地照射，造型就会缺乏影调变化，只有通过改变光线的投射方向和亮度，才能展现出物体的立体层次。质感与光线也互为牵制，直射光线能增强粗糙凹凸的质感，但过强光照下的表面如同曝光过度的照片，色彩被冲淡，细部肌理也被明显削弱。不同材质也会影响光线的反射与分布，粗糙表面因均匀柔和的漫反射而不易使人产生视觉疲劳；而光洁材质处理不当就会造成镜面反射，致使强光方向集中，直接落入人眼，使人产生眩光。

在诸多要素中，建筑师必须厘清其在立面造型中所处的主从地位，在强调其中某一组矛盾并使其成为压倒性因素的同时，就势必弱化另几组关系，视之为次要矛盾，这样才能突出主题，使多重关系在控制下分层级发挥效力，形成统一秩序。

对于建筑，人们是在持续欣赏与体验过程中了解全局的，人们所观察到的无数视觉片段应该具备潜在的关联，并能通过大脑重新整合、概括出其同一性，最终才能得到整体印象。

3. 注重界面交接

在建筑领域，建筑师历经长期实践，持续筛选、提炼出极具典型意义的设计语言。对界面转折搭接部位的把控，堪称将设计构想具象化的关键密码，也为创作者开辟了独特且重要的观察视角。密斯向来擅长运用精细构件直接相交的手法，着重凸显转折处硬朗的线条，其建筑中棱角分明的角部，淋漓尽致地展现出几何构图的严谨与稳态。与之截然不同的是，那些采用分离交错、穿插咬合设计的角部，实则是建筑开放形态体系在细微之处的精妙体现。相反，分离交错、穿插咬合的角部，则是建筑开放形态体系在细部上的贯彻。霍尔就偏好同一材质的构件以非对称形态"抹"过转角，在连续的节奏中又显得模棱两可。当他设计透明角窗时，分布于两个相交立面上的部分具有不同比例和窗框分割方式，形成了含混的片段印象。

建筑转角与结构逻辑直接相关，如砌体结构要求大面积、有一定间距限定的墙体来承重，转角处因刚度直接影响整体性而较封闭完整，以满足构造上抵抗水平应力的需要。框架结构中承重与围护构件分离，为角部造型提供了更宽泛的自由度。先进的工艺、技术水平及材料的拓展推动了建筑师聚焦于节点，以对细部层次进行深入表达。高技术建筑作品中精致的转角是成熟构造工艺的自然流露，而非设计师刻意而为。特定的界面交接方式也能凸显材料特征，如用金属曲面柔和地转折至另一界面，就可以恰到好处地体现出其良好的延展质地。

用砖石建造房屋，砖石墙体既是建筑的结构支撑，也是建筑的外墙。为保证建筑稳固，墙体上不能随意开窗开门，使得建筑的"内""外"区分明确。

用木材建造房屋，木柱、木梁就构成了建筑的主要结构框架，建筑主要的围护并无结构目的，有或无均不会影响建筑的稳固，建筑外界面的开敞或封闭相对自由。通过简单的对比可见，建筑的技术手段对建筑"内""外"关系的影响巨大。

事实上，建筑的"内"与"外"之间并非总是对立关系。建筑的内部空间需要来自建筑外部自然的通风和光照。在人类尚不能通过电灯采光、空调通风的时代，建筑的尺度往往与自然通风、采光等因素有关，这在居住建筑中体现得尤为明显。就现代的建筑技术而言，用电灯解决照明，以机械通风提供清新空气并不困难，然而，人们却难以抑制向窗外瞭望的渴望，人们不能忍受久居于一个没有窗的房间，如咖啡厅临街靠窗的座位往往最早坐满。由此可见，建筑之"外"对于人们绝非自然通风、采光这么简单。打破空间"内"和"外"对立的动力既来自人们对自然的审美渴望，也来自人类强烈的社会属性——一种与他人交往并形成共同体的期望。

4. 反映表皮与内体的关联

事实上，古典建筑有严格的主次立面划分及精确的、可重复的固定比例范式。它们大多采用附着形式，将传达社会信息的雕塑、绘画、字体等添加到建筑表面，以加强其易读性。而现代派建筑第一次使其外观被生产逻辑主导下的覆层所简化，立面的方向性也被削弱。但其在去除装饰的同时，也几乎丧失了表皮独立表现自身和传达意义的机会。

表皮可"腾空"在内体外侧，有其自身的层次、深度、空间，也可匀质开放，走向超透明甚至消失。表皮也可用遮挡或"伪装"手段隐藏内体。例如，米格德尔设计的墨西哥城拉斯弗洛雷斯公司办公楼，百叶立面表层上以照明塑造的蓝色影调人形图案使高大建筑物产生漂浮的幻象，又以装饰手法弱化、掩饰了玻璃与百叶系统对日照进行控制的高技术形象。再如，赫尔佐格和德梅隆设计的英国伦敦拉班中心是一个包括舞蹈、研究、图书、演讲、会议等综合功能的公共建筑，凭借与伦敦艺术家迈克尔·克雷格的成功合作，建筑师在透明或半透明的玻璃外侧嵌装了彩色透明的聚碳酸酯面板，它如同一层会表演的外壳，随天空变化和内部舞动的身影而显现出曼妙细微的变化。

在很多不规则、连续流动的空间形态中，正立面、侧立面、顶面等都融合为一张巨大的"表皮"，有的甚至顺应连续的骨骼"渗入"肌体，被吞噬其中。流动性不仅模糊了界限，而且柔化了建筑构件之间的联系，甚至使人难以察觉其间的过渡与转换。例如，远藤秀平设计的位于日本兵库县一座山林公园中的公共厕所被他表述为"弹性设施"，它以钢骨架支撑错缝铆固拼接的压型波纹金属板，形成螺旋翻卷的自然动态，以创造封闭与开放、内部与外部交替并存的空间模式，在形态被"雕塑"的同时，空间被划分为门卫及男女厕所三个独立的区域，但外观却没有清晰界定的入口。此时，"立面"的概念就被拓展了，其定义不局限在以方位朝向确定的、相对独立的正投影，而更注重其整体覆盖性。

5. 入口的特殊处理

如果将宿舍理解为一个容器，宿舍寝室的窗和门都可以理解为六面体边界上的洞口，以联系内外。此时，这一"内"空间便不再独自存在。事实上，这也是建筑空间必然的存在方式：始终与其他的建筑空间或者外部空间相联系。通过窗，自然光照进房间，新鲜的空气随风而入；而门则更多意味着是人们进出空间的阀口。故此，建筑师可以将空间界面上的洞口从其功能目的加以归纳，即采光、通风和通透等。空间边界的某个洞口或承载某一特定功能，或同时满足多种功能要求，比如有的窗户能够开启，能满足通风要求，有的窗户则不能，仅以采光为目的。同样，这些洞口也可通过简单方法加以调节、改变，如为窗户安装窗帘。

对于人类而言，感知空间大多基于视觉，而光是视觉的基础。故此，有人将建筑艺术描述为空间中光的艺术。相比较而言，建筑师对自然光偏爱有加，这多是因为自然光随着时间、季节而变换，凸显了建筑空间的魅力。

一般建筑入口有主辅之分，入口的位置除了从周围环境与道路因素考虑通行便捷之外，还需要从立面构图与视觉分量上加以考虑。

从造型角度来看，入口是建筑方位主次的重要标识；建筑师也通常将建筑主入口所处立面或面临城市主要道路的立面称为"主立面"。入口的虚实、凹凸处理显示出建筑物的不同态度，内凹入口呈谦虚内敛的姿态，像怀抱一样欢迎进入的人群；而外凸入口则以直白的语气告知到访者将要穿过的界面与空间的显赫地位；在立面层次上明显优于其他部位；与界面平齐的入口虽然没有非常强烈的表现欲，但却能保证其与四周界面的连续完整性。建筑往往结合地形，利用坡道或踏步作为引导并采用与建筑主体造型手法一致的入口，仿佛是墙面与结构的自然顺延，而采用急剧变化风格的入口，则希望以对比的要素特征，使视觉冲击力积聚到最大。

从空间感受来看，入口是分界内外的场所和人流出入的"灰空间"，它绝非"墙面开门洞"那样只是用作交通用途，而是有着非比寻常的心理隐含意义，通过这个临界点，人就从外（内）部领域进入内（外）部领域。有的入口通过尺度的缩减或扩大形成空间停顿，有的以墙面作为指引导向，有的采用新材料和自动控制技术在入口处产生趣味。由此可见，入口为整个空间序列奠定了情绪基调。

从功能意义来看，大多数入口均具备迎候送别、休息停留、整装理容、遮风避雨、夜间照明、支撑招牌等功能。因此，入口设计包括踏步、坡道、平台、雨篷、廊柱、门及相应的环境设施与景观设计。例如，德国布莱梅港移民历史博物馆在入口一侧角部用百叶隔挡围合为"L"形，并在内部悬挂镂空的金属地球仪，既强调标识性与装饰感，又暗示其地理学意义，也为其下方休闲咖啡区域提供了遮挡。

6. 多功能复合构件处理

在建筑立面处理上，有出于装饰语言的表述，也有功能性的传达。立面上常见的功能性构件除了入口及相关组成部分外，还包括阳台、屋顶女儿墙或栏杆、遮阳百叶、太阳能光电板及其他能量采集或存储构件。随着生态节能需求的发展，这些构件逐渐突破只起单一围合或遮蔽作用的传统构件的功能局限，开始逐渐兼备复合功能。

这些构件与构造技术完美结合，产生了新的造型逻辑，并成为建筑界面中显著的标识符号。例如，太阳能光电板可以置入倾斜的屋面或阳台面板中，使太阳能转换为热能、电能和可控光能。德鲁根·梅思尔设计的位于奥地利维也纳的"城市Lofts"，能提供生活与工作为一体的多元功能，其南立面采用迂回带状光电板单元作为阳台栏板，与其他立面上连续分布的内凹窗或阳台形式相呼应。

总之，设计需要正确的思考方法，在创意过程中，人们应该避免走弯路的不明智之举。错误的思考方法如下。

首先，缺乏空间思维，无论平面或立面，始终都以图形化的思维角度去考虑，只专注线面构成是否比例优美、均衡，是否曲直对照，或者简单模仿某种具体物象等，这样只会导致三维空间艺术变为相互分离的二维平面形式及其简单叠合。

其次，缺乏平行同步思维，要么只关心功能，要么只追求浮华造作的形式，要么只盲目担忧结构、构造是否可行等，而忽视了方案发展进程中矛盾要素的整体互动性与变化性。事实上，从灵感闪现到第一次草图乃至最终定稿，每个阶段都应该平面、立面、剖面设计交错进行。一旦发现某个环节上存在尚需解决的问题，就应及时调整。如果只是片面研究某一要素或图式，将原本连续的设计过程割裂肢解，等矛盾累积到一定程度时就很难继续，浪费时间和精力形成挫败情绪。

最后，缺乏对形式美的基本判断，一些初学者可能在一知半解的情况下采用非建筑手法或者过多尝试光怪陆离的造型手法。事实正好相反，初学者应该更加重视形式美的基础法则与扎实造型手段的训练，不应认为"多元"就是毫无关联的矛盾并置，也不应忽视视觉伦理，否则只会在随波逐流的过程中丧失自主审美意识。

第三章　建筑内部空间组合设计

第一节　建筑空间组合原则

一、功能分区合理

建筑设计立意构思和建筑的使用功能对建筑空间的组合有着决定性影响，它们不仅对单个使用空间和交通联系空间提出量（大小尺寸）、形（形状）和质（采光、通风、日照等舒适程度）等方面的制约，而且对建筑空间组合也相应提出量、形、质的制约。建筑空间组合往往先以分析使用空间之间的功能关系着手，这种方法通常称"功能分析"法。功能分区的设计方法已是现代建筑设计必不可少的重要手段。

目前，功能分区已是进行单体建筑空间组合时首先必须考虑的问题。对一幢建筑来讲，其功能分区是将组成该建筑的各种空间，按不同的功能要求进行分类，并根据它们之间的密切程度加以划分，使功能既分区明确又联系方便。在分析功能关系时，可以用简图表示各类空间的关系和活动顺序。具体进行功能分区时，可从以下几方面着手分析。

（一）使用功能的分类

在针对各种不同的建筑进行设计时，首先，应对这种建筑的使用功能进行归类，使性质相近、特征类似的空间按类型聚集，以便于按顺序进行空间的组合。如商场可分为营业厅、仓储、行政管理、辅助用房四大类功能；旅馆可分为客房、餐饮、娱乐、商业、行政管理、辅助用房六大类功能；博物馆则可分为陈列、藏品贮藏、行政管理、学术研究、加工、辅助用房六大类功能。分类为下一步按次序组合空间创造了条件。另外，建筑设计可按单元归类，在一些建筑物的各个组成部分相对独立，各独立部分的使用功能基本相同，相互间功能联系甚少，形成了一种特定的单元时，应将各种单元归类，便于叠加和拼接。如住宅建筑设计即先分出若干单元，再进行累加和拼连。

（二）空间的主与次

组成建筑物的各类空间，按其使用性质必然有主次之分，在进行空间组合时，这种主次关系也就恰当地反映在位置、朝向、通风采光、交通联系以及建筑空间构图等方面。以食堂为例，包括餐厅、厨房、办公管理三个组成部分，其中餐厅应居于主要部位，其次是厨房，最后才是办公管理，这三者应有明确的划分，互不干扰，但又需有方便的联系。因此在组合时，餐厅应布置在主要位置上，成为建筑构图的中心，并争取最优的朝向，良好的通风采光和富有特色的视野。

此外，分析空间的主次关系时，并不是说次要的、辅助的部分不重要，可以随意安排。相反，只有在次要空间和辅助空间进行妥善配置的前提下，才能保证主要空间充分发挥作用。如居住建筑中，若厨房、浴厕等辅助空间设计不当，必将影响居室的合理使用。同样，如在商业建筑中，尽管营业厅的位置、形状、内部柜架布置等主要功能考虑得很周到，但若仓库的位置布置不当，也将大大影响营业厅货源的及时补充，直接关系到销售状况。

（三）空间的"闹"与"静"

按建筑物各组成空间在"闹"与"静"方面所反映的功能特性进行分区，使其既分隔，互不干扰，又有适当的联系。如旅馆建筑中，客房应布置在比较安静隐蔽的部位，而公共活动空间，如餐厅、商店、娱乐用房等则应相对集中地安排在便于接触旅客的显著位置，并与客房有一定的隔离。在具体布局时，可从平面空间上进行划分，亦可从垂直方向进行分隔。

（四）空间联系的"内"与"外"

在民用建筑的各种使用空间中，有的对外联系的功能居于主导地位，而有的对内关系密切一些。所以，在进行功能分区时，应具体分析空间的内外关系，将对外性较强的空间尽量布置在出入口等交通枢纽附近，对内性较强的空间则力争布置在比较隐蔽的部位，并使其靠近内部交通的区域。

另外，在考虑建筑的使用功能的主次、闹静、内外等方面进行分区时，既可在水平面（同层）进行分区，称为水平分区；也可在垂直面（异层）进行分区，称为垂直分区，以满足关系明确、互不干扰的分区特点。如商业建筑设计时，常将管理用房置于顶层，仓储、车库却布置于地下，使营业厅的有效营业面积增大，增加商业效益。

二、流线组织明确

各类建筑由于使用性质不同，往往存在多种流线组织。从流线的组成情况看，有人流、货流之分。从流线的集散情况看，有均匀的、比较集中的。一般建筑的流线组织方式有平面的和立体的。在小型建筑中流线较简单，常采用平面的组织方式；规模较大、功能要求较复杂的民用建筑，常需综合平面和立体方式组织人流的活动，有利于缩短流程，又使人流互不交叉。如某铁路旅客站，其一层为交通售票、行包作业和部分候车，二层为候车、餐厅、文娱等。除基本站台外，上车均在二楼经高架厅至各站台，下车经地道至出站口，进出站旅客流线组织明确，互不干扰。

医院门诊部建筑的设计需特别考虑其功能性，鉴于每日接诊病人数量众多且就诊时间相对集中，为了有效减少病人间的交叉感染风险，科室布局与人流组织必须精心规划，力求避免人流往返交叉。为确保病人不接触感染源，门诊部内的几个关键科室应配置独立的出入口：首先是供内科、外科、五官科、口腔科及行政办公等使用的一般门诊出入口，作为门诊部的主要通道；其次是儿科出入口，专为儿童患者服务，以减少他们与其他成人患者的接触；最后是急诊出入口，以便紧急情况下快速接诊。对于规模稍大的门诊部，还可考虑单独设立产科出入口和结核科出入口，以进一步降低交叉感染的可能性。

以上仅为出入建筑物的主要活动人流的路线组织状况。实际上，建筑物中的流线活动还常包括次要人流，甚至货物等的流线。以中型铁路旅客站的流线组织为例，它应满足两方面要求，即使各种流线避免互相交叉、干扰和最大限度地缩短旅客流程距离，避免流线迂回。为此，除将进站流线与出站流线分开外，还应使旅客流线与行包流线分开、职工出入口与旅客出入口分开，其中进站流线应放在首位，因站房内部流线主要是旅客的进站流线。

三、空间布局紧凑

在对建筑各组成空间进行合理的功能分区和流线组织的前提下，着手空间组合才能为布局紧凑提供基本保证。在进行具体组合时还应尽可能压缩辅助面积。在建筑总面积中包括使用面积（如教学楼中的教室、办公室等，住宅中的居室、厨房等）和辅助面积（如门厅、过道、楼梯及卫生间等）。合理压缩辅助面积，相对来说就增加了建筑的使用面积，使空间组合紧凑。而在辅助面积中，以交通面积占主要比重，所以，在保证使用要求的条件下，缩短交通路线，将有利于使空间布局紧凑，具体可以从以下几方面进行。

（一）加大建筑物进深

以城市型住宅为例，纵墙承重的大开间住宅平面类型逐渐减少。由于住宅建筑的经济指标控制较严格，如何发挥每一平方米建筑面积的使用效率这一问题就更为突出。平面组合时应尽可能加大进深，有助于节约用地和使平面布局紧凑。当前在一般标准的住宅中，小户型住宅平面形式越来越受欢迎，就因它除作为交通联系之用，又能兼作用餐、接待等多种功能，充分发挥了面积的使用效率。点式住宅中，围绕垂直交通向四周布置住户的布局方式能有效地压缩公共交通面积。

（二）增加层数

在不影响功能使用的前提下，适当增加建筑物层数，也有利于使空间组合紧凑。如以幼儿园为例，单层建筑对幼儿进行户外活动的确有利，但平面布局往往过于分散，交通面积较大。适当增加层数，对幼儿活动是完全可以胜任的，这样有利于缩减交通面积，使空间布局紧凑。

（三）利用建筑物尽端布置大空间，缩短过道长度

如在办公楼建筑中利用尽端作会议室，在教学楼建筑中利用尽端布置合班教室等，可缩短过道长度。

四、结构选型合理

结构理论和施工技术水平对建筑空间组合和造型起着决定性作用。随着科学技术的进步，以及新结构、新材料的发展，建筑业发生了巨大的变革。

目前建筑中常用的结构形式不外乎三种类型：墙体承重结构、框架结构和空间结构。一般中、小型民用建筑，如住宅、旅馆、医院等多选择墙体承重结构；大型办公楼、宾馆、商场等多选择框架结构；而大跨度公共建筑，如影剧院、体育馆等多选择空间结构；当然，随着科学技术的不断发展，像钢结构、膜结构等一些新型结构技术也会更加普及。

（一）墙体承重结构

目前国内选用墙体承重的一般民用建筑中，以配合钢筋混凝土梁板系统形成混合结构形式最为普遍。由于梁板经济跨度的制约，这种结构形式仅适用于空间不太大、层数不太

多的中、小型民用建筑，如住宅及较低档次的中小学、办公楼、医院等以排比空间为主的建筑类型。

这种结构形式的特点是外墙和内墙同时起着支撑上部结构荷载和分隔建筑空间的双重作用。在进行空间组合时，应注意以下几点。

（1）结合建筑功能和空间布局的需要确定承重墙布置方式：纵墙承重或横墙承重。并应使承重墙的布置保证墙体有足够的刚度。

（2）承重墙的开间、进深尺寸类型应尽量减少，以利于楼板、屋顶的合理布置，结构、构件的规格要统一。

（3）上下层承重墙应尽可能对齐，开设门窗洞口的大小应控制在规定的限度内。

（4）墙体的高、厚比，即自由高度与厚度之比，应在合理的允许范围之内。如半砖厚墙的高度不能超过 3m，并不能作承重墙考虑等。

（二）框架结构

框架结构是采用钢筋混凝土柱和梁作为承重构件，而分隔室内外空间的围护结构和内部空间分隔墙均不作为承重构件，这种使承重系统与非承重系统明确分工是框架结构的主要特点。这种结构为建筑外表配置大面积玻璃窗创造了条件。建筑的内部空间组合亦获得较大的灵活性，可以根据功能需要将柱、梁等承重结构确定的较大空间进行二次空间组织，空间可开敞、半开敞或封闭。空间形状亦可随意分隔成折线或曲线形等不规则形状。

近二十年来，由于对建筑层数不断增加的迫切愿望，建筑结构设计也得到了进一步发展。对高层建筑结构来说，抵抗水平力是很重要的，如筒状抗剪墙和框架结合的筒体结构，其基本目标是增加结构刚度，使整个建筑物形成一个一端固定在地下的空心筒状悬臂构件，以便较好地抵抗水平荷载。外墙柱子趋向于互相靠近（中距 1.2～3m），窗孔较窄，密布的柱子与刚性上、下窗间墙连成一个带孔的刚性筒。这种"筒"的概念以多种形式被应用于近代钢结构和钢筋混凝土结构高层建筑中。其优越性为获得无柱的大空间，给使用者提供空间自由分隔的最大灵活性。

（三）空间结构

近年来，新建筑材料和新结构理论的发展，促使轻型高效能空间结构突飞猛进，使大跨度公共建筑的空间形式和结构选型获得多种处理手法。当前，在建筑中常见的空间结构有：悬索结构、空间薄壁结构和空间网架结构等。

1. 悬索结构

悬索结构主要是充分发挥钢索耐拉的特性，以获得大跨度空间。由于悬索结构体系在荷载作用情况下承受巨大的拉力，要求能承受较大压力的构件与之相平衡。常见的悬索结构有单向、双向和混合三种类型。我国 20 世纪 60 年代初期修建的北京工人体育馆，直径 94 m 的圆形屋盖就是采用辐射悬索结构的例子。

2. 空间薄壁结构（薄壳结构）

由于钢筋混凝土具有良好的可塑性，故作为壳体结构的材料是比较理想的。当选择的形状合理时，可获得刚度大、厚度薄的高效能空间薄壁结构，它又具有骨架和屋盖双重作用的优越性，成为大跨度公共建筑广泛采用的一种结构形式。常用的形式有筒壳、折板、波形壳、双曲壳等。

3. 空间网架结构

空间网架结构多采用金属管材制造，能承受较大的纵向弯曲力，用于大跨度公共建筑，具有很大的经济意义。这种结构形式在国内的不少大跨度建筑中亦常采用，其既可在地面操作，待拼装成整体后再上升就位，减少了空间作业，又可根据平面布置需要，组合成多种形式。此外，还有充气结构体系已在国外的大跨度公共建筑中采用。所谓充气结构，是指充气后的薄膜系统，使它能承受外力，形成骨架或与围护系统相结合的整体。这种结构体系国内已开始研究，并逐步开始尝试和应用。

从以上分析可看出，结构对建筑的空间形成和造型特征起着重大的作用，优秀的建筑设计往往是和良好的结构形式融为一体的。国外大跨度结构的成功实践表明，跳出各类空间结构的基本模式，充分挖掘各类空间结构的内在潜力，才能创造多种多样、别具一格的空间形式。

形式不是简单地取决于使用功能，也不是被动地取决于结构形式，而是按照设计的构思创造出一种预想的形式。这就需要设计者掌握与精通材料、结构、技术和特性，以大胆革新的科学态度进行创作。

五、设备布置恰当

在民用建筑的空间组合中，除需要考虑结构技术问题外，还必须深入考虑设备技术问题。民用建筑中的设备主要包括上、下水，采暖通风，空气调节，电器照明以及弱电系统等。在进行空间组合时，应考虑以下几方面。

充分考虑设备的要求，使建筑、结构、设备三方面相互协调。如高层旅馆建筑，常将过道的空间降低，上部作为管道水平方向联系之用。而在客房卫生间背部设竖井，作为管道垂直方向联系的空间。

恰当地安排各种设备用房位置，如采暖用的锅炉房、水泵房，空调用的冷冻机房以及垂直运输设备需要的机房等。在高层建筑中，除在底层和顶层考虑设备层外，还需在适当层位布置设备层，一般相隔 20 层左右或在上下空间功能变换的层间设置。

某些人流进出频繁或大量集中的公共空间如商场、体育馆、影剧院等，往往需要考虑中央空调系统，由于风道断面大，极易与空间处理及结构布置产生矛盾，应给予足够的重视。

空调房间中的散热器、送风口、回风口以及消防设备如烟感器等的布置，除需要考虑使用要求外，还要与建筑细部装饰处理相配合。同时，还应采取专门的技术措施，以降低设备机房及风管等产生的噪声。对人工照明与电气亦应采取相应的技术措施，以解决防火、设备隔热等问题。

在大量的中、小型民用建筑的空间组合中，对卫生间和设置上、下水的房间，在满足功能要求的同时，应使设备位置尽可能地集中，并使上、下层布置处于同一空间位置上，以利于管道配置。

建筑中的人工照明应满足以下要求：保证一定的照度、选择适当的亮度分布和防止眩光的产生，另外，采用优美的灯具能创造一定的灯光艺术效果。

六、体型简洁，构图完整

建筑空间的布局及体型的大小、形状受到建筑功能的要求、结构、材料、施工技术条件和地形环境、气候条件等多种因素的影响。建筑体型的简洁有利于内部交通联系便捷；有利于结构布置的统一；有利于节约用地、降低造价；有利于抗震，并且在造型上也容易获得简洁朴素大方的效果。

虽然平面规整、体型单一，容易取得简洁、完整的效果，但若建筑群体中的多个单体建筑均采取简单体型，则将导致单调、贫乏的后果。多体量的建筑物，通过巧妙的处理要达到简洁、完整的效果。

七、建筑空间组合设计原则

随着我国经济和文化的发展，人们对居住的要求越来越高。在住宅设计中，如何满足人们居住生活的要求是关键一环。

（一）住宅的功能空间

住宅内部空间至少应包括起居室（厅）、卧室、厨房、卫生间、餐室、过厅、过道、储藏室、阳台等空间。这些空间对于居家生活活动有着不同的功能，各有不同的设计要求。

1. 起居室（厅）

起居室是供居住者会客、娱乐、团聚等活动的空间，是公共活动的共用空间，是住宅设计中最活跃的因素。《住宅建筑规范》（GB50368-2005）（以下简称《规范》）要求：起居室（厅）应有直接采光、自然通风，有较好的朝向和视野，其使用面积不应小于 12 m^2。起居室的面积应根据使用人数和具体功能来确定。面积太小，使用不方便，面积过大，也会使人感到空旷，令居住者在心理上产生一种孤独感。起居室（厅）内的门洞布置应相对集中，留出完整墙面，以便家具的布置和使用，减少通行路线交叉穿越，避免相互干扰。

2. 卧室

卧室是人们睡眠、休息、更衣、梳妆等活动的场所，是住宅中私密性要求最高的地方。《规范》规定，卧室的设计应使每个卧室相对独立，卧室之间不应穿越；卧室应有直接采光、自然通风，卧室使用面积不宜小于下列规定：双人卧室为 10 m^2，单人卧室为 6 m^2。卧室宜集中布置在较隐蔽的安静空间，并且应当隔音良好，应注意防止视线的干扰。形状应规整，便于家具设备的布置。卧室的面积大小主要应该根据家具设备布置的需要，太大的卧室会造成空虚感，也不利于节能。因此，最基本卧室面积应为 $3×3.3≈10$ m^2，较理想的主卧室开间在 3.6m 以上，面积在 15 m^2 左右。

3. 厨房

厨房是供居住者进行炊事活动的空间，是家务劳动时间最长的地方，也是室内噪声和污染最严重的地方。厨房的功能已从过去单一的烹调行为发展为集仓储、加工、清洗、烹饪和配餐等多种功能于一体的综合服务空间。厨房的设计应有足够的面积。良好的通风、排烟、排气，可减少对室内环境的污染和影响。根据《规范》规定，一类和二类住宅厨房的使用面积不应小于 4 m^2，三类和四类住宅为 5m^2。尺寸大小应满足设备设施布置的需要，单排布置设备的厨房净宽不应小于 1.5m，双排布置设备的厨房其两排设备的净距不应小于 0.9m，操作面净长不应小于 2.1m，厨房的净高不应低于 2.2m。

4. 餐室

餐室的设计应满足家庭成员同时进餐以及家庭宴会的需要，可以和厨房合设或分设。餐厅和厨房合设同一空间，面积利用充分，但受油烟影响大，适于住宅面积不大的中小套型住宅。独立设置的餐室面积要求比较大，适合大中套型住宅。对于面积不大的餐室，可与起居室连成一体，扩大空间感，或用简洁的落地玻璃隔断等分隔。独立餐室面积一般 8~14m^2，空间接近方形为佳。

5. 卫生间

卫生间是供居住者进行便溺、洗浴、盥洗等活动的空间。根据《规范》规定，每套住宅应设卫生间，四类住宅宜设二个或二个以上卫生间，每套住宅至少应配置三件卫生洁具。卫生间的数量应根据居住的人数和住户的生活习惯来确定，原则上宜多不宜少。卫生间的位置在住宅中应靠近卧室，并应有可靠的通风措施，并且争取天然采光，应注意私密性的要求，避免视线干扰。卫生间使用面积不应小于下列规定：①设坐便器、洗浴器（浴缸或喷淋）、洗面器三件卫生洁具的为 3 m²；②设坐便器、洗浴器二件卫生洁具的为 2.5 m²；③设坐便器、洗面器二件卫生洁具的为 2 m²。

6. 过道、玄关

过道、玄关是组织户内交通联系和空间过渡的部分。如卧室通过一段走廊与客厅联系，既避免了开向厅的门过多，又减少了动区喧闹对静区的干扰。根据《规范》规定，套内入口过道净宽不宜小于 1.2m；通往卧室、起居室（厅）的过道净宽不应小于 1m；通往厨房、卫生间、储藏室的过道净宽不应小于 0.9m，过道在拐弯处的尺寸应便于搬运家具。

7. 阳台

根据《规范》规定，每套住宅应设阳台或平台。阳台是居住空间的一种延伸，主要为楼层住户提供室外活动的空间，还可进行就餐、晾晒衣物等活动。这就要求阳台有充足的直射阳光、良好的自然通风。按照阳台功能，可分为生活阳台和服务阳台。服务阳台主要与厨房相连，可作为厨房的延伸，便于摆放杂物、放置拖把、扫帚等清洁用具，面积大约 2 m²。生活阳台宜与客厅、卧室相连，是内部空间向外部空间的延伸。阳台不宜过深，否则影响居室采光，一般最小净宽为 1.1m。

8. 储藏室

随着住宅越建越高，住宅中的储藏空间也越显重要，主要是充分利用闲置的角落，家具空腹，楼梯的下部、侧部和端部，走廊的顶部等空间。面积宽裕的，则可考虑设置独立储藏室。储藏室一般用于储藏日用品、衣物、棉被、箱子、杂物等物品，保证住宅内部空间的整齐、卫生。储藏室的面积可大可小，一般为 1.5~2 m²，位置比较灵活。

（二）住宅空间的组合原则

住宅内部空间组合由人的生活需要所决定，同时又在改变着人们生活的方式和习惯。因此，住宅空间既要满足人们的使用要求，又要满足精神要求，还要考虑它的经济性和安全性。

1. 功能分区合理性原则

住宅内部空间有各自不同的使用功能和要求，有的是公共性的，有的是私密性的，有的是动的，有的是静的。在设计中，要正确处理它们的功能关系，满足各功能分区的要求，使之动静分区、公私分离、洁污分离。这是住宅使用功能良好、居住舒适的先决条件。在进行合理功能分区时，还要做到室内流线顺畅，交通面积集中、紧凑，减少干扰，突破单纯的交通功能，做到交通面积的综合利用，提高室内空间利用率。

2. 空间组合灵活性原则

住宅内部空间组合灵活性指可以按照不同住户、不同时期的使用要求对套型空间进行灵活分隔和重组。设计时，可以将某些功能分区合并或连接，不作明确限定。如将起居室与餐厅合并，把厨房设计成开敞或半开敞的形式，减少固定构件，用可活动的轻质材料构件分隔不同的功能区域，减少固定的墙体，使得室内空间流动开敞而不封闭，同时也使得套型可以根据功能的变化而改变空间形态、位置和尺寸，具有较强的适应性和灵活性。

3. 室内环境舒适性原则

舒适性是一个综合概念，随着人们物质生活水平的不断提高，舒适性要求的标准也不断发生变化。在住宅设计中，应根据该地区的气候条件，争取较好的朝向，获得较多日照和较好通风环境，利用自然对流通风，有效地改善室内空气质量和卫生状况。起居室、卧室等主要空间应力争南向，提高舒适度。客厅与户外应有过渡，入户门处最好设玄关，避免家居生活被一览无余，失去私密性。主卧最好设于离入户门较远处，卧室与客厅之间最好设一段过渡空间，避免卧室直接朝向客厅开门。卫生间离卧室要近，窗台设高一些，保证私密性。厨房位置应接近户门，便于食品、蔬菜及垃圾的进出，力求与服务阳台和餐厅联系方便，减少对其他房间的影响，创造一种和谐、安宁、舒适的家居环境。

4. 整体设计经济性原则

（1）面积的合理分配，要分清不同功能空间的不同要求，如大套型和小套型的卧室、卫生间除户数不同之外，每个卧室、卫生间的功能要求、设备尺寸基本相同，面积需求也相近；而起居室、厨房、餐厅虽然功能相同，大套型比小套型服务的人数多，其面积也应该大一些。

（2）卫生间与卫生间或厨房邻近，便于管线共用，节省投资。

（3）节能方面主要是关于房间朝向。卧室是以夜间睡眠用为主，白天的活动很少在此进行，大部分时间是空关着，其向南还是向北，有无直接日照，对于建筑节能而言差别不大。在满足通风采光，保证窗户的气密性和隔热性的要求下，卧室不向南不影响建筑节能。起居室已成为家居生活的核心，如果起居室向南，白天有充足的日照，室内的自然热环境较好，可以大大地节约采暖和空调的耗能。

第二节　建筑空间组合形式

　　建筑空间组合包括两个方面：平面组合和竖向组合，它们之间相互影响，所以设计时应统一考虑。由单一空间构成的建筑非常少见，更多的还是由不同空间组合而成的建筑，建筑内部空间通过不同的组合方式来满足各种建筑类型的不同功能要求或不同建筑形式要求。

一、毗邻空间的组合关系

　　两个相邻空间之间的连接关系是建筑空间组合方式的基础，可以分为以下4种类型。

（一）包含

　　一个大空间内部包含一个小空间。两者比较容易融合，但是小空间不能与外界环境直接产生联系。

（二）相邻

　　一条公共边界分隔两个空间。这是最常见的类型，两者之间的空间关系可以互相交流，也可以互不关联，这取决于公共边界的表达形式。

（三）重叠

　　两个空间之间有部分区域重叠，其中重叠部分的空间可以为两个空间共享，也可以与其中一个空间合并成为其一部分，还可以自成一体，起到衔接两个空间的作用。

（四）连接

　　两个空间通过第三方过渡空间产生联系。两个空间的自身特点，比如功能、形状、位置等，可以决定过渡空间的地位与形式。

　　一栋典型的建筑物必定是由若干不同特点、不同功能、不同重要性的内部空间组合而成的，不同性质的内部空间的组合需要不同的组合方式，进一步可以分为平面组合方式和竖向组合方式。

二、建筑空间的基本组合形式

（一）线性组合

线性组合是指多个建筑空间沿着一条直线依次排列，构成一条线状的整体。这种组合形式常见于走廊、通道等公共区域。

（二）平面组合

平面组合是指多个建筑空间在同一平面内相互连接，构成一个平面状的整体。这种组合形式常见于室内设计中，如客厅、卧室等。

（三）立体组合

立体组合是指多个建筑空间在三维空间中相互连接，构成一个立体状的整体。这种组合形式常见于大型公共建筑和高层住宅中，如商场、写字楼等。

三、建筑空间的复杂组合形式

（一）集群式组合

集群式组合是指多个不同功能或用途的建筑空间在同一场地内相互连接，形成一个整体。这种组合形式常见于城市综合体、大型商业中心等。

（二）分层式组合

分层式组合是指多个建筑空间在不同高度上相互连接，形成一个垂直的整体。这种组合形式常见于高层住宅、办公楼等。

（三）环状式组合

环状式组合是指多个建筑空间围绕一个中心点相互连接，构成一个环状的整体。这种组合形式常见于公共广场、博物馆等。

四、建筑空间平面组合的基本方式

(一) 集中式组合

集中式组合是指在一个主导性空间周围组织多个空间，其中交通空间所占比例很小的组合方式。如果主导性空间为室内空间，可称为"大厅式"；如果主导性空间为室外空间，则可称为"庭院式"。在集中式空间组合中，流线一般为主导空间服务，或将主导空间作为流线的起始点和终结点。这种空间组合常用于影剧院、交通建筑以及某些文化建筑中。

(二) 流线式组合

这种组合方式中没有主要空间，各个空间都具有自身独立性，并按流线次序先后展开。按照各空间之间的交通联系特点，又可分为走廊式组合、串联式组合和放射式组合。

1. 走廊式组合

走廊式组合是各使用空间独立设置，互不贯通，用走廊相连。走廊式组合适用于学校、医院、宿舍等建筑。走廊式组合又可分为内廊式、外廊式、连廊式三种。

2. 串联式组合

串联式组合是各个使用空间按照功能要求一个接一个地互相串联，一般需要穿过一个内部使用空间到达另一个使用空间。与走廊式组合不同的是，串联式组合没有明显的交通空间。这种空间组合节约了交通面积，同时，各空间之间的联系比较紧密，有明确的方向性；缺点是各个空间独立性不够，流线不够灵活。串联式组合常用于博物馆、展览馆等文化展示建筑。

3. 放射式组合

放射式组合是由一个处于中心位置的使用空间通过交通空间呈放射性状态发展到其他空间的组合方式。这种组合方式能最大限度地使内部空间与外部环境相接触，空间之间的流线比较清晰。它与集中式组合的向心型平面的区别就是，放射式组合属于外向型平面，处于中心位置的空间并不一定是主导空间，可能只是过渡缓冲空间。放射式组合多用于展览馆、宾馆或对日照要求不高的地区的公寓楼等。

(三) 单元式组合

单元式组合首先将若干个关系紧密的内部使用空间组合成独立单元，然后再将这些单元组合成一栋建筑的组合方式。这种组合方式中的各个单元有很强的独立性和私密性，但是单元内部空间的关系密切。单元式组合常用于幼儿园和城市公寓住宅中。其实，在一栋建筑之中并不会只单一地运用一种平面空间组合方式，必定是多种组合方式的综合运用。

五、建筑内部空间竖向组合的基本方式

（一）单层空间组合

单层空间组合形成单层建筑，在竖向设计上，可以根据各部分空间高度要求的不同而产生许多变化。单层空间组合具有灵活简便、施工工艺相对简单等特点，但同样由于占地多、对场地要求高等原因，一般用于人流量、货流量大，对外联系密切或用地不是特别紧张的地区的建筑。

（二）多层空间组合

多层空间在竖向上的组合可以分别形成低层、多层、高层建筑。此类竖向组合方式显得比较多样，主要有叠加组合、缩放组合、穿插组合等。

1. 叠加组合

此类组合方式主要应做到上下对应、竖向叠加，承重墙（柱）、楼梯间、卫生间等都一一对齐。这是建筑上应用最广泛的一种组合方式，教学楼、宿舍、普通公寓楼等都是按这种方式进行组合设计的。

2. 缩放组合

缩放组合设计主要是指上下空间进行错位设计，形成上大下小的倒梯形空间或下大上小的退台空间。此类空间组合在与外部环境的协调处理上较好，容易形成具有特色的建筑空间环境，在山地建筑设计中较为多见。

3. 穿插组合

穿插组合主要是指若干空间由于功能要求不同或设计者希望达到一定的空间环境效果，在竖向组合时，其所处位置及空间高度也就有所不同，这样就形成了各空间相互穿插交错的情况。这样的竖向组合在建筑空间设计里是较为常见的，如剧院观众厅、图书馆中庭空间、大型购物商场等大体量空间。

当然，一幢完整的建筑，其内部空间在竖向组合上也是由多种组合方式来实现的，丰富优美的内部空间是设计师设计此类建筑的出发点之一。要完成这样一幢建筑，就应该熟练运用此类方法。

第三节 建筑空间组合设计的处理手法

空间组合的基本方式，也可以说是分类，相对来说比较抽象。本这一节讲述的是多个空间之间的组合所运用到的具体的处理方法或艺术表现手法，以及建筑内部的整体空间集群将会产生的最终效果。

一、建筑多个空间之间的处理手法

（一）分隔与围透

各个空间的不同特性、不同功能、不同环境效果等的区分，归根到底都需要借助分隔来实现，一般可以分为绝对分隔和相对分隔两大类。

1. 绝对分隔

顾名思义，绝对分隔就是指用墙体等实体界面分隔空间。这种分隔手法直观、简单，使得室内空间较安静，私密性好。

同时，实体界面也可以采取半分隔方式，比如砌半墙、墙上开窗洞等，这样既界定了不同的空间，又可满足某些特定需要，避免空间之间的零交流。

2. 相对分隔

采用相对分隔来界定空间，又可以称为心理暗示，这种界定方法虽然没有绝对分隔那么直接和明确，但是通过象征性同样也能达到区分两个不同空间的目的，并且比前者更具有艺术性和趣味性。相对分隔可以分为以下几种方法。

（1）空间的标高或层高的不同。

（2）空间的大小或形状的不同。

（3）线形物体的分隔。通过一排间隔并不紧密的柱子来分隔两个空间，这样可使两个空间具有一定的空间连续性和视觉延续性。

（4）空间表面材料的色彩与质感的不同。

（5）具体实物的分隔，比如通过家具、花卉、摆设等具体实物来界定两个空间，这种界定方法具有灵活性和可变性。

更进一步来说，其实空间之间的关系都可以用围和透来概括，不论是内部空间之间，还是内部空间和外部环境之间。如此，绝对分隔可以总结为围，相对分隔就可以称为透。

"围"的空间使人感觉封闭、沉闷，但是它有良好的独立性和私密性，给人一种安全感。"透"的空间则让人心情畅快、通透，但它同样也有不足之处，比如私密性不够。所以，在建筑空间组合中，应该根据建筑类型、空间的实际功能、结构形式、位置朝向来决定是以围为主还是以透为主。

（二）对比与变化

两个相邻空间可以通过呈现出比较明显的差异变化来体现各自的特点，让人从一个空间进入另一个空间时产生强烈的感官刺激变化来获得某种效果。

1. 高低对比

若由低矮空间进入高大空间，通过对比，后者就显得更加雄伟；反之同理。

2. 虚实对比

由相对封闭的围合空间进入到开敞通透的空间，则会使人有豁然开朗的感觉，进一步引申，可以表现为明暗的对比。

3. 形状对比

两个空间的形状对比既可表现为地面轮廓的对比，也可以表现为墙面形式的对比，以此打破空间的单调感。

（三）重复与再现

重复的艺术表现手法是与对比相对的，某种相同形式的空间连续重复出现，可以体现一种韵律感、节奏感和统一感，但运用过多，容易产生单调感和审美疲劳。

重复是再现表现手法中的一种，再现还包括相同形式的空间分散于建筑的不同部位，中间以其他形式的空间相连接，起到强调相类似空间的作用。

（四）引导与暗示

虽然一幢复杂的建筑之中包括各种主要空间与交通空间，但是流线还需要一定的引导和暗示才能实现最初的设计走向，比如外露的楼梯、台阶、坡道等很容易暗示竖向空间的存在，引导出竖向的流线，利用顶棚、地面的特殊处理引导人流前进的方向，狭长的交通空间能吸引人流前行，空间之间适时增开门窗洞口能暗示空间的存在等。

（五）衔接与过渡

有时候两个相邻空间如果直接相接，会显得生硬和突兀，或者使两者之间模糊不清，这时候就需要用一个过渡空间来交代清楚。

过渡空间本身不具备实际的功能使用要求，所以过渡空间的设置要自然低调，不能太抢镜，也可以结合某些辅助功能如门廊、楼梯等，在不知不觉中起到衔接作用。

（六）延伸与借景

在分隔两个空间时，可以有意识地保持一定的连通关系，这样，空间之间就能渗透产生互相借景的效果，增加空间层次感。具体方法有以下几种。

（1）增开门窗洞口，如中国古典园林。

（2）运用玻璃隔断，如现代小住宅设计。

（3）绿化水体等元素在两个空间中的连续运用。

二、建筑内部的空间集群——序列

前面对几种空间之间的处理手法进行了说明和分析，但它们基本都是仅仅解决了相邻空间组合的问题，具有自身的独立性和片面性，如果没有一个综合整体的空间序列组织，就不会体现出建筑整体的空间感觉和特点。要想使建筑内部的空间集群体现出有秩序、有重点、统一完整的特性，就需要在一个空间序列组织中综合运用围透、对比、重复、引导、过渡、延伸等各种单一的处理手法。

空间序列组织主要考虑的是人流的路线，不同使用功能的建筑的内部空间集群的人流路线是不同的。比如展览馆的人流路线就是参观者的参观路线，这个流线就要求展厅之间的排序要流畅和清晰，各个展厅空间需要得到强调，其他过渡空间则一带而过。又如剧院的人流路线就是观众的进出场路线，由于一个剧院中的各个演出厅之间的关系不大，只需要相应的人流能便捷地到达相应演出厅，这时的空间序列组织只需要重点考虑入口大厅到达某一演出厅的流线，演出厅之间的流线可以不用强调。一般来说，沿着主要人流相应展开的空间序列都会经历引导、起伏、压抑、高潮等过程，最主要的就是高潮部分，不然整个空间序列就会显得没有中心和松散。要想突出高潮部分，就要综合运用前述各种方法。

第四节 建筑空间组合设计的方法步骤

建筑空间组合是一项综合性工作，不仅要考虑全局，也应照顾到局部和细节，需要设计者耐心地加以推敲分析，才能达到令人满意的效果。

一、基地功能分区

满足建筑功能布局的合理性，不仅要从建筑的自身特性出发，还要做到与周边环境协调一致，与基地的功能分区相对应。

（一）划分功能区块

依照不同的功能要求，可将基地的建筑和场地划分成若干功能区块。

（二）明确各功能区

区块之间的相互联系用不同线宽、线形的线条，加上箭头，表示各功能区块之间联系的紧密程度和主要联系方向。

（三）选择基地出入口位置与数量

根据功能分区、防火疏散要求、周围道路情况以及城市规划的其他要求，选择出入口位置与数量。这种选择与建筑出入口的安排是紧密相关的。

（四）确定各功能区块在基地上的位置

根据各功能区块自身的使用要求，结合基地条件（形状、地形、地物等）和出入口位置，可以先大体确定各功能区块的位置。

二、基地总体布局

基地总体布局的任务是确定基地范围内建筑、道路、绿化、硬地及建筑小品的位置，它对单体建筑的空间组合具有重要的制约作用。通常应考虑以下几方面因素以及"场地设计与总体布置"的内容。

（一）各功能区块面积的估算

各功能区块都应根据设计任务书的要求和自身的使用要求采取套面积定额或在地形图上试排的方法，估算出占地面积的大小并确定其位置与形状，一般先安排好占地面积大、对场地条件要求严格（如日照、消防、卫生等）的功能区块。

（二）安排基地内的道路系统

道路系统包括车行系统（含消防车）和人行系统两大部分。道路系统的布置既要处理与基地周边道路的关系，又要满足基地内车流、人流的组织及道路自身的技术要求。

（三）明确基地总体布局对单体建筑空间组合的基本要求

建筑空间组合设计应当充分考虑基地的大小、形状，建筑的层数、高度、朝向以及建筑出入口的大体位置等，找出有利因素和不利因素，寻求最佳组合方案。最后，在进行单体建筑空间组合的过程中，也需要再次对基地的总体布局做适当修改。

三、建筑的功能分析

（一）建筑功能分析的内容

建筑功能分析包括各使用空间的功能要求以及各使用空间的功能关系。使用空间的功能要求包括朝向、采光、通风、防震、隔音、私密性及联系等。各使用空间的功能关系包括使用顺序、主次关系、内外关系、分隔与联系的关系、闹与静的关系等。

（二）建筑功能分析的方法

建筑设计理论发展到今天，对于建筑功能分析的手段和方法已比较多样化，有矩阵图分析法、框图分析法等。本节就重点介绍框图分析法这一最为常用的方法。

框图分析法是将建筑的各使用空间用方框或圆圈表示（面积不必按比例，但应显示其重要性和大小），再用不同的线形、线宽加上箭头表示出联系的性质、频繁程度和方向。此外，还可在框图内加上图例和色彩，表示出闹静、内外、分隔等要求。

对于使用空间很多、功能复杂的建筑，建筑的功能分析应由粗到细逐步进行。可将一幢建筑的所有使用空间划分为几个大的功能组团（也称功能分区）。

每个功能组团由若干个有密切联系、为同一功能服务的使用空间组成，并具有相对的独立性。按照上述方法，对这些功能组团进行功能分析，并布置在一定的建筑区域内，便形成了建筑的功能分区。然后，再在各功能组团中进行功能分析，确定对每个使用空间的布置。这种功能分析，是一个从无序到有序，不断深化、不断调整的过程。对于更复杂的建筑，往往还要进行多级的功能分析。

（三）建筑功能分析的综合研究

建筑的功能往往很复杂，相互之间存在很多矛盾。建筑空间组合应根据不同的建筑类型和所处的具体条件，抓住主要矛盾进行综合研究，以确定每个使用空间的相对位置。

建筑功能分区主要是根据不同的使用场景需求，将建筑空间分为不同的区域，以适应不同的空间需求。例如，住宅建筑通常被划分为卧室、起居室、厨房等不同的功能区域；办公室建筑则根据职能划分为不同的办公区域、会议室、休息区等。通过这种分区的方式，可以最大化地利用建筑空间，提高建筑的使用效率，使建筑空间更加符合使用者的需求。

建筑功能分区设计的关键是在设计前就要充分考虑使用者的需求。不同的功能区域之间需要合理的联系和衔接，从而保证整个建筑的功能和流线性。在建筑功能分区设计中，建筑师需要考虑到空间的灵活性、使用者的体验、建筑的可持续性等多个方面。同时，在建筑功能分区设计中要考虑到建筑的可维护性和可升级性，从而保证建筑的长期可持续发展。

近年来，随着数字化技术的不断发展，建筑功能分区设计也得到了很大的拓展。通过数字化技术，建筑师可以更加精确地进行建筑分区设计，同时实现实时的准确反馈。数字化技术可以将建筑功能分区的设计过程贯穿整个建筑生命周期，从而实现建筑的高效、可持续发展。

在实际建筑项目中，建筑功能分区设计是一个非常重要的环节。建筑功能分区设计的好坏直接影响到建筑的实际使用效果和建筑的长期发展。因此，在进行建筑功能分区设计时，必须充分考虑到使用者的需求和未来的发展趋势。

总之，建筑功能分区设计在建筑设计中扮演着非常重要的角色。通过对建筑空间进行合理的分区设计，可以更好地满足使用者的需求，提高建筑的使用效率，促进建筑的可持续发展。随着数字化技术的不断发展，建筑功能分区设计也将不断拓展，为未来的建筑发展提供不竭的动力。

第四章　建筑外部空间设计与群体组合

第一节　建筑外部空间设计与外部空间组合

一、建筑外部空间设计

(一) 建筑外部空间设计的内容

建筑群外部空间设计的内容主要包括以下几个方面。

1. 确定建筑物的位置和形状

根据建筑环境（地形的宽窄、大小、起伏变化、周围建筑物的布局和建筑外观、城市道路的布局、自然环境保护等）的特定条件和建筑群各部分的使用性质、规模等进行功能分区，恰当地、紧凑地选定建筑物的位置，并确定建筑物的形状，选择合适的群体组合方式。

2. 布置道路网

根据建筑群的位置、城市道路的布局以及车流、人流的安全畅通，合理布置建筑群内部的道路网络，确定主次干道和主次出入口，处理好建筑群内部道路与城市道路之间的衔接关系。

3. 布置建筑小品与绿化

为了改善环境气候和环境质量，根据建筑群的性质和外部空间气候特点的要求，合理布置绿化（不同的树种、树型、花卉、草坪等）和设置建筑小品（亭、廊、花窗景门、坐凳、庭院灯、小桥流水、喷泉、雕塑等），这是建筑群外部空间设计不可缺少的艺术加工部分。

4. 竖向设计

根据建筑群所处地段的地形变化、各建筑物的使用要求及相互间的联系，综合考虑土石方工程量、市政工程设施、经济等因素，确定各建筑物的室内设计标高和室外各部分的设计标高，创造一个既统一完整，又具有丰富变化的群体外部空间。

5. 保证建筑群的环境质量

根据各建筑物的使用性质，在确定建筑物位置和形状的同时，还应当使各建筑物具有良好的朝向、合理的日照间距、自然通风以及安全防护条件，以保证建筑群具有良好的环境质量。

6. 考虑消防要求

在考虑日照、通风间距的同时，应根据各幢建筑物的使用性质，按防火规范的要求，保证一定的防火间距，并设置必要的消防通道，确保防火安全。

7. 考虑群体空间的艺术效果

在满足功能、技术要求的前提下，运用各种形式美的规律，按照一定的设计意图，充分考虑建筑群的性格特征，创造出完整统一的群体空间，以满足人们的审美要求。

（二）建筑外部空间设计的技术准备工作

1. 收集基本资料

（1）建设地段及近邻的现状情况。建设地段及近邻的现状情况是外部空间设计和群体组合时放在首位的一项基础资料。要了解这些资料，首先要掌握一定比例的地形图，然后进行实地踏勘，了解它们之间的相互关系，以便合理地利用或者采取相应的改造措施。

（2）城镇规划意图。在进行外部空间设计和群体组合之前，应当掌握建设地段在城镇总体规划中的地位和作用，以及近期发展情况，了解规划对建设地段建筑规模、高度以及群体的艺术效果等方面的要求。

（3）市政设施的现状情况。市政设施主要指城市给排水、供热、供气、供电、通信、交通、人防等。各种市政设施都会不同程度地影响建筑群内部的布局和各种管线的布置以及道路网组织。因此，在进行外部空间设计和群体组合之前，必须对各种市政设施情况有清楚的了解。

除以上几方面基础资料外，日照、地方特点以及民俗习惯、文化等方面也对建筑群的设计有直接影响。总之，基础资料的收集是一项极为重要的工作，有了足够充分的基础资料，才能保证外部空间设计和群体组合的顺利进行。

2. 分析设计资料

（1）建设地段的地形分析。为了合理利用地形，充分发挥土地的使用效率，节省工程建设费用，对建设地段的自然地形进行必要的分析是很有价值的。对自然地形的分析，是根据自然地形的特点，划分出不同性质特征的地区范围，以便在建筑群体布局时，根据建筑物的使用特点，正确选择各自相应的地段。

分析建设地段的地形，并标注在地形图上，从而形成用地分析图，主要从以下几个方面进行：

①根据自然地形特点，用不同的线型划出不同地面坡度的地区范围。如平坦的建设地段可分为2%以下、2%～5%、5%～8%、8%以上几级，山地丘陵地段可分为3%以下、3%～10%、10%～25%、25%～50%、50%～100%、100%以上几级。

②根据自然地形找出分水线、汇水线和地面水流方向。

③须进一步研究使用方式和采取改造措施的特殊地段，如冲沟、滑坡、沼泽、漫滩等地，应单独划分范围。

（2）建设地段房屋现状分析。依据地形图（1：500为最佳）协同各有关部门与单位，对用地范围的所有现存建筑进行调查与分析，查明建筑面积、建筑层数、结构用材及建筑质量等级。确定不允许拆除的建筑、改造利用的建筑、保留的建筑、可拆除建筑等类型，可采取图示的方式标注在地形图上，以便在总平面设计时做到充分利用现有基础，可不拆的就不拆，可利用的就利用；对不拆除的永久性建筑的风格、色彩等须在总体设计中同新建筑统一协调。

（3）建设地段道路系统现状分析。根据地形图结合实际踏勘，查明各种类型道路的路面质量，核实各类路面宽度与断面形式及其坡度情况，可用图示标注在地形图上，构成道路系统现状分析图。该图对总体设计中决定道路的保留、改造和废弃有参考价值。

此外，在现场踏勘时还应调查人流和货流的方向、流量大小以及高峰时间。同时应进一步分析人流状况的心理，例如上班上学的人流在时间上集中、心理紧张，要求速度快、行走路线短捷，而那些游览的人流则在心情上是轻松的，行走的速度是较缓慢的。这些因素同样影响到道路的布局和道路的景观设计。

二、建筑外部空间组合

（一）自由式空间组合

自由式空间组合不受对称性控制，可以根据建筑的功能要求和地形条件机动地组合建筑。这种组合形式灵活性大，适应性广，但要防止杂乱无章。自由式空间组合，也可称为不对称式的空间组合。

自由式空间组合的特点，主要包括以下几个方面：

（1）建筑群体中的各建筑物的格局，随各种条件的不同，可自由、灵活地布局。

（2）根据功能要求布置各栋建筑，其位置、形状、朝向的选择比对称式布局灵活、随意；并可利用柱廊、花墙、敞廊等将各建筑物联结起来，形成丰富多变的建筑空间。

（3）各建筑物顺应地形的曲直、弯转而立，随着环境的变异而融入大自然的怀抱，形成灵活多变、巧妙利用自然风貌的和谐的建筑空间。

由于上述特点，这种自由式空间组合在各种民用建筑群体组合中被大量采用，并取得了良好效果。

（二）对称式空间组合

对称式空间组合通常以建筑群体中的主要建筑的中心为轴线，或以连续几栋建筑的中心为轴线，两翼对称或基本对称布置次要建筑，对道路、绿化、建筑小品等采取均衡的布置方式，形成对称式的群体空间组合；还有一种方式是两侧仍均匀对称地布置建筑群，中央利用道路、绿化、喷泉、建筑小品等形成中轴线，从而形成较开阔的空间组合。

对称式空间组合具有以下几方面的特点：

（1）建筑群中的建筑物彼此间不存在严格的功能制约关系，在其位置、体型、朝向等不影响使用功能的前提下，可根据群体空间的组合要求进行布置。

（2）对称式空间组合容易形成庄严、肃穆、井然的气氛，同时也具有均衡、统一、协调的效果，对党政机关等类型建筑群较为适应。

（3）对称式空间组合不仅是对建筑群而言，同时道路、绿化、旗杆、灯柱以及建筑小品等也对称或基本对称布置，起到加强建筑群外部空间对称性的作用。

（4）对称式布局所形成的空间形式，有可能是封闭式，也有可能是开敞式或者其他形式，这主要根据建筑群的性质、数量、规模以及基地情况进行布置。

（三）庭院式空间组合

庭院式空间组合是由数栋建筑围合成一座院落或层层院落的空间组合形式，它能适应地形的起伏以及弯曲湖水的隔挡，又能满足各栋建筑功能要求，是既有一定隔离又有一定联系的空间组合。这种组合多借助廊道、踏步、空花墙等小品形成多个庭院，更有利于与自然景色、不同环境互相渗透、互相陪衬，从而形成别具一格的群体空间组合。

对于建筑规模比较大而平面关系既要求适当展开又要求联系紧凑的建筑群，由于分散布置或大分散小集中布置都不能满足功能和建筑空间艺术的要求，为了解决建筑群要求的特殊性与地形变化之间的矛盾，采取内外空间相融合的层层院落的布置方式是比较成功的。若干院落可以保证建筑群内各部分之间的相对独立性，而院落的层层相连又保证了建筑群内部紧密的联系。院落可大可小，基底位置可高可低，层叠的院落可左可右，从而充分利用大小台地，使建筑的基底同变化的地形做到充分吻合。这种布置形式不仅能够满足功能要求和工程技术经济要求，而且变化的空间艺术构图也能增加建筑艺术的感染力。

（四）综合式空间组合

对一些功能要求比较复杂的建筑群，或因其他特殊要求，或因地段条件的差异，用上述单一的组合方式不能解决问题时，往往采用两种或两种以上的综合式空间组合。这种组合方式可兼顾上述组合方式的特点，既可形成严谨庄重的对称布局，也可以自由灵活地布置建筑物，营造丰富多变的建筑空间，更能有效地适应多变的地形和较好地结合自然环境。因此规模较大和地形复杂的建筑群，往往采用综合式空间组合方式。

第二节　建筑外部空间处理与环境质量

一、建筑外部空间处理

（一）外部空间的对比与变化

在建筑群外部空间组合中，通常利用空间的大与小、高与矮、开敞与封闭以及不同形体之间的差异进行对比，可以打破呆板、千篇一律的单调感，从而取得变化的效果。在利用这些对比手法时，应注意变而有治、统而不死，使群体组合既具有特色，又能构成统一和谐的格调。在我国古典庭院中，利用空间对比与变化的手法最为普遍，并取得了良好的效果。

（二）外部空间的渗透与层次

在建筑群体组合中，通常借助建筑物空廊、门窗、门洞等和自然界的树木、山石、湖水等，把空间分隔成若干部分，但又不使这些被分隔的空间完全隔绝，而是有意识地通过处理使部分空间适当连通，这样做既可以使建筑空间和自然环境相互因借，又使两个或两个以上的空间相互渗透，从而极大地丰富空间的层次感。

在群体组合中，通常采用下列几种方法来丰富空间的层次：

（1）通过门洞或景框将空间分割开来，使人们从一个空间观赏另外一个空间，借助门洞或景框将空间分成内外两个层次，并通过它们互相渗透增加层次感。这种手法不论在我国古典建筑或是西方古典建筑，还是在现代建筑中，都经常运用。

在传统的四合院民居建筑中，通常沿中轴线设置垂花门、敞厅、花厅等透空建筑，使人们进入前院便可通过垂花门看到层层内院，给人以深远的感觉。这样的设计可通过院落之间的渗透，丰富空间的层次。

（2）通过敞廊从一个空间看另外一个空间，借敞廊将空间分为内外两个层次，并通过敞廊相互渗透。

例如，站在穆尔西亚新市政厅阳台上通过前面的柱廊可看到大教堂和钟塔的壮丽景色，这会让人感到建筑层次深远，空间丰富。

（3）通过建筑物架空的底层从一个空间看另外一个空间，用建筑物把空间分隔为内外两个层次，并通过架空的底层而相互渗透。由于结构和技术的发展，近代建筑或高层建筑往往把底层处理为透空的形式，从而使建筑物两侧的空间相互渗透。

除此之外，利用通过相邻两幢建筑之间的空隙从一个空间看另外一个空间或者利用树丛从一个空间看另外一个空间等手法，都可以获得极其丰富的外部空间的层次变化。

（三）外部空间的序列组织

在建筑群外部空间构成中，多数由两个或两个以上的空间进行组合，这里就出现一个先后顺序的安排问题。这种空间顺序主要是根据空间的用途和功能要求来确定的，它的主要特点就是与人流活动的规律密切相关，也就是说在整个序列中，人们视点运动所形成的动态空间与外部空间是和谐完美的，并可使人们获得系统的、连续的、完整的画面，从而给人留下深刻的印象并能充分发挥艺术感染力。

外部空间的序列组织是带有全局性的，它关系到群体组合的整个布局。通常采用的手法是先将空间收缩然后开敞，随着顺序前进然后再收缩、再开敞，引出高潮的到来后再收缩，最后到尾声，整个序列组织也告结束。

这种沿着中轴线向纵深发展的空间序列，北京明清故宫是个很好的例子。人们从金水桥进天安门空间极度收缩，过天安门门洞又复开敞；紧接着经过端门至午门，由一间间建筑围成又深远又狭长的空间，直至午门门洞空间再度收缩；过午门至太和门前院，空间豁然开朗，预示着高潮即将到来；过太和门至太和殿前院达到高潮；再向前移动是由太和、中和、保和三殿组成的"前三殿"，相继而来的是"后三殿"，与前三殿保持着大同小异的重复；再往后是御花园，至此，空间气氛由庄严变为小巧宁静，也就预示着空间序列即将结束。在整个序列组织中，通过空间大小、明暗、高矮以及纵横的对比使空间富有变化，又具有完整的连续性。

（四）外部空间的视觉分析

人们在建筑群中的活动规律通常是处于动态的观赏，但也会出现静态的观赏。尽管"静"是相对的，"动"是绝对的，但在群体组合时，结合功能有意识地组织这些停顿点，使之成为主要观赏点来欣赏空间的艺术效果是必要的。

空间构图的重要因素之一是景的层次，通常人们在一定观赏点作静态观赏时，空间层次可分为远、中、近三层景色。远景只呈现大体的轮廓，建筑体量不甚分明；中景则可看清楚建筑全貌；而近景则显出清楚的细部。通常中景作为观赏的对象，是主题所在；而远景是它的背景，起衬托作用；近景则成为景面的边框或透视引导面。

研究上述空间构图，一般利用视觉分析来确定建筑物的位置、高度、体量与道路、广场、庭院的比例关系。为了满足人们观赏建筑物的视觉要求，应该研究人们的垂直视角和水平视角，以便确定建筑群空间的尺度，满足人们观赏建筑群的完美艺术效果的愿望。

1. 垂直视角

按人们的视角特点，观赏的对象应该处于20°仰角的视线之内。这时人们就可以较好地观赏建筑群。如果人们眼帘稍上移，就使仰角扩大到30°左右，如果仰角超过45°，这时人们不仅不能被建筑群总的气势的表现力所感染，就连建筑物的全貌也难于被人们所感受。这些视角的要求，早在古代的建筑实践中就被运用过。

例如：

"建筑物三倍高度的距离"（仰角为18°），实质就是指这个视点是看建筑群体全景的。

"建筑物二倍高度的距离"（仰角为27°），实质就是指这个视点是近景看个体的。

"建筑物一倍高度的距离"，实质是指这个视点的仰视角达到了45°，就是观赏单体建筑的极限视点。

古今中外大量的实例分析都得出这样的结论：人们观赏建筑群的最佳仰角为18°，观赏个体建筑的最佳近视点为27°，其最大仰角不应超过45°。如果超过45°，不仅易造成视角疲劳，也会由于仰视角过大使观赏的对象产生严重的透视变形。当然，在人们走近建筑时必然会使观赏视角超过45°，这时就应该有新的观赏对象来接替。如果只有一幢建筑，那么新的观赏对象可以是建筑的细部或建筑的局部装饰。如果是一群建筑，那么就可以由另一幢建筑来接替，接替时仍可以再次重复使用18°、27°、45°仰角的关系进行有机过渡。

2. 水平视角

根据视角的分析，除仰角限制观赏对象的高度外，水平视角也约束着观赏对象的宽度，因为人们视觉器官的最佳水平视角是不超过60°的。从建筑实践中也证明"等于建筑物宽度的距离"的视点，实际上就是指这个视点的水平视角是54°。因此，在总体规划设计中对主要建筑平面空间尺寸的确定，不仅要考虑垂直视角的效果，也要考虑水平视角的特点，以满足人们观赏建筑群体的视角要求，使之充分发挥建筑空间的艺术效果。北京明清故宫建筑群是最富代表性的实例。天安门广场上的毛主席纪念堂建筑，也较合理地考虑了视线特点。

因此，一个建筑群的总体布局如认真考虑了垂直视角和水平视角的特点，就会使活动在建筑群里的人们观赏建筑群的视角要求充分得到满足。特别是当一个建筑群按18°、27°的仰角决定其高度时，那么在27°仰角的视点上应尽量争取运用54°的水平视角，使其既满足垂直方向27°的要求，又满足水平视角54°的要求，那么这个视点就可以称得上是观赏建筑物的最佳近视点。如果建筑群体空间设计能满足上述视角特点的要求，就可以使建筑群的艺术感染力充分为人们所感受。

二、建筑外部环境质量

（一）朝向

确定建筑的朝向应将太阳辐射强度、日照时间、常年主导风向等因素综合加以考虑。通常人们要求建筑的布局能使室内冬暖夏凉。长期的生活实践证明，南向是最受人们欢迎的建筑朝向。从建筑的受热情况来看，南向在夏季受太阳照射的时间虽然较冬季长，但因夏季太阳较大，从南向窗户照射到室内的深度和时间都较少。相反，冬季太阳较小，从南向窗户照进房间的深度和时间都比夏季多，这就有利于夏季避免日晒而冬季可以利用日照。

但是，在设计时不可能把房间都安排在南向，因此每一个地区的建筑都可以根据当地的气候、地理条件选择合适的朝向范围。

建筑的主要房间布置在一侧时，分析最热月7月和最冷月1月的太阳辐射强度、风速风向气象资料可知南偏东和南偏西各30°的范围内夏季太阳辐射强度最小，而冬季最大，根据夏季最热时间发生在每天13：00～15：00时的太阳辐射强度和室外气温变化，综合考虑可知南偏西15°到南偏东30°为宜。但当建筑物两侧都设置主要房间时，则应从建筑物正、背面两个方向同时加以综合考虑。南偏东15°虽然比南偏西15°方向稍好，但由于西北向下午受到强烈日晒，加上气温很高，还不如采取南偏西15°，即另一面为北偏东15°方向为宜。

建筑朝向的选择应综合多种因素进行考虑，除以上因素外，建筑所处的地理位置、地方气候都直接影响建筑朝向。因此，在建筑群总体布置时要依照具体情况具体分析，选择较为理想的朝向。

（二）间距

1. 日照间距

为保证卫生条件，应满足房间内有一定的日照时间，这就要求建筑物之间必须有合理的日照间距，使之互不遮挡。

日照间距的计算一般以冬至日中午正南方向太阳能照到建筑底层的窗台高度为依据。寒冷地区可考虑太阳能照到建筑物的墙脚，以达到室内外有较好的日照条件。

我国不同城市或地区会有不同的日照间距系数，可通过有关技术规范直接查得，并根据相应日照间距系数求得相邻建筑的间距。我国部分城市的日照间距在 1~1.7H。一般越往南的地区日照间距越偏小，相反往北则偏大。

2. 通风间距

周围建筑物尤其是前幢建筑物的阻挡和风吹的方向有密切的关系。为了使建筑物获得良好的自然通风，当前幢建筑物正面迎风，如需后幢建筑迎风窗口进风，建筑物的间距一般要求在 4~5H 以上。从用地的经济性来讲是不可能选择这样的标准作为建筑物的通风间距的，因为这样大的建筑间距使建筑群非常松散，既增加了道路及管线长度，也浪费了土地面积。因此，为了使建筑物既有合理的通风间距，又能获得较好的自然通风，通常采取夏季主导风向同建筑物成一个角度的布局形式。

实验证明：当风向入射角在 30°~60°时，各排建筑迎风面窗口的通风效果比其他角度或角度为零时都显得优越。当风向入射角在 30°~60°时，选取建筑间距为（1:1）H、（1:1.3）H、（1:1.5）H、（1:2）H 分别进行测试，得知（1:1.3）H~（1:1.5）H 间距的通风效果较为理想。（1:1）H 间距，中间各排建筑的通风效果较差，而（1:2）H 间距的通风效果提高甚微。

因此，为了节约用地而又能获得较为理想的自然通风效果，建议呈并列布置的建筑群，其迎风面尽可能同夏季主导风向成 30°~60°的角度，这时建筑的通风间距取（1:1.3）H~（1:1.5）H 为宜。

3. 防火间距

确定建筑间距时，除了应满足日照、通风要求外，也必须满足防火要求。

根据日照、通风、防火等综合要求，建筑物间距常采用（1:1.5）H。但由于各类建筑所处的周围环境不同，各类建筑布置形式及要求不同，建筑间距也略有不同。如中小学校由于教学特点，教学用房的主要采光面距离相邻房屋的间距最少不小于相邻房屋高度的2.5倍，但也不应小于12m。Ⅲ及Ⅱ形体的房屋两侧翼间距不小于挡光面房屋高度的2倍，也不应小于12m。又如医院建筑由于医疗的特殊要求，在总平面布局中，当阳光射入方向上有建筑物时，其间距应为建筑物高度的2倍以上。1~2层的病房建筑，每两栋间距约为25 m；3~4层的病房建筑，每两栋间距约为30m；传染病房的建筑间距约为40m。因此在进行总平面设计时，要合理地选择建筑间距，既要满足建筑的功能要求，又要考虑节约用地，减少工程费用。

第三节　建筑外部场地与建筑小品设计

一、建筑外部场地

场地设计是针对基地内建设项目的总平面设计，依据建设项目的使用功能要求和规划设计条件，在基地内外的现状条件和有关法规、规范的基础上，人为地组织与安排场地中各构成要素（包括建筑物、景观小品、广场、绿地、停车场、地下管线等）之间关系的活动。场地设计使场地中的各要素尤其是建筑物，与其他要素形成一个有机整体，提高基地利用的科学性，同时使建设项目与基地周围环境有机结合，产生良好的环境效益。

（一）场地设计的概念

建筑设计中所涉及的外界因素范围很广，包括气候、地域、日照、风向到基地面积、地貌以及周边环境、道路交通等各个方面。关注建筑总体环境，综合分析内部、外部等综合因素，进而进行场地设计，是建筑设计工作的重要环节。

场地设计是对工程项目所占用地范围内，以城市规划为依据，以工程的全部需求为准则，根据建设项目的组成内容及使用功能要求，结合场地自然条件和建设条件，对整个场地空间进行有序与可行的组合，综合确定建筑物、构筑物及场地各组成要素之间的空间关系，合理解决建筑空间组合、道路交通组织、绿化景观布置、土方平衡、管线综合等问题；使建设项目各项内容或设施有机地组成功能协调的整体，并与周边环境和地形相协调，形成场地总体布局设计方案。这意味着它是一个整合概念，是将场地中各种设施进行主次分明、去留有度、各得其所的统一筹划。由此可见，它是建筑设计理念的拓宽与更新，更是不可或缺的设计环节。

随着设计体制的改革，建筑市场未来将与国际市场接轨，场地设计这一课题将越来越具有积极的现实意义。另外，随着我国经济的健康发展，社会对城镇空间品质的要求越来越高，场地设计在城镇建设过程中将起到不可替代的作用。

（二）场地设计的自然条件

场地的自然条件是指场地的自然地理特征，包括地形、气候、工程地质、水文及水文地质等条件，它们在不同程度上对场地的设计和建设产生影响。

1. 地形条件

地形大体可分为山地、丘陵和平原等，在局部地区可细分为山坡、山谷、高地、冲沟、河谷、滩涂等。

建筑场地设计中通常采用 1:500、1:1000、1:2000 等比例尺。

2. 气候条件

影响场地设计与建设的气候条件主要有风象、日照、朝向等。

（1）风象。风象包括风向、风速。风向是风吹来的方向，一般用 8 个或 16 个方位来表示（由外向中心吹）。风速在气象学上常用每秒钟空气流动的距离（m/s）来表示。风速的快慢决定了风力的大小。

风向和风速可以用风玫瑰图来表示。将风向频率、平均风速等指标根据不同方向分别标注在 8 个或 16 个方位上，即为风玫瑰图。我国各城市区域均可查到相应的风玫瑰图，为建筑设计提供必要的气象依据。

（2）日照。日照是表示能直接见到太阳照射的时间的量。

日照标准是建筑物的最低日照时间要求，与建筑物的性质和使用对象有关。

我国地域辽阔，不同区域有不同的日照系数。

（3）朝向。我国地域辽阔，各地区的日照朝向选择也随地理纬度、各地习惯不同而有所差异。

3. 工程地质、水文和水文地质条件

工程地质、水文和水文地质的依据是工程地质勘察报告。进行场地设计时要查阅该项目的工程地质报告，对场地的地质情况有一定了解。

（三）场地设计的要点

场地设计主要涉及场地内主要建筑物及附属建筑物的布置、场地道路与停车场设计、

场地的竖向设计、场地的绿化景观设计以及场地的工程管线设计。不同的场地会有不同的设计要求与要点，因此，针对不同的场地，必须全面调研，逐项分析，合理布局，使其适用、经济、美观，达到最大的社会效益、经济效益和环境效益的统一。

1. 建筑物以及附属建筑物的布置

建筑物布置是场地设计中的基本要素，它的布置形式直接决定了场地上其他各项要素的布置形式。主体建筑的布置也决定了附属建筑的布置方式。

不同类型的建筑物会有不同的个性与功能，即使是同一类型的建筑，其内部空间组合不同，所呈现出来的基底平面形状会不同，也会出现不同的总图布置。

不同类型、不同造型的建筑物是千变万化的，但在总图布置中必须始终考虑到主体建筑的内部功能与流线、朝向与通风、内外人流的集散与交通、环境与景观以及消防与防灾等各种因素。

其附属建筑在总图布置上必须处理好主与次的关系，不与主体建筑争朝向和位置，不妨碍主体建筑的正常使用和美观造型等。

2. 场地的道路

道路设计在建筑群体布置中是建筑物同建筑地段以及建筑地段同城镇整体之间联系的纽带。它是人们在建筑环境中活动、交通运输及休息场所不可缺少的重要部分。建筑群总体的道路设计，首先要满足交通运输功能要求，要为人流、货流提供简捷、方便的线路，而且要有合理宽度使人流及货流获得足够的通行能力。

场地的道路设计主要包括道路宽度与道路的转弯半径等。

（1）道路宽度：道路宽度的确定需综合考虑行车数量、车型种类以及交通流量等因素。一般来说，单车道的宽度应不小于3m，而双车道则通常为6~7m。在主车道上，宽度一般设定为5.5~7m，以满足大量车流的通行需求；次车道则相对狭窄，宽度通常在3.5~6m之间。此外，消防车道的宽度必须不小于4m，以确保消防车辆在紧急情况下能够顺利通行；人行道的宽度则不应小于1.5m，为行人提供安全、舒适的步行空间。这样的设计既确保了交通的顺畅，又充分考虑了行人和车辆的安全与舒适。

（2）道路的转弯半径。转弯半径是指在转弯或交叉口处，道路内边缘的平曲线半径。

3. 停车场地

随着汽车产业的发展，我国大中城市机动车逐步大规模普及。如何对停车设施进行合理的规划，对车辆停放进行有效的管理，处理停车与运行车辆的动静态关系，成为场地设计的重要内容。

在大型公共建筑设计中，停车是场地设计的重要因素，一般包括机动车和自行车停车。最常见的是布置在建筑物入口附近，有时考虑到人车分流和建筑立面的需要，布置在一侧或后方。在近年来建设的大型住宅小区及公共建筑综合体中多采用地下停车的方式。

停车场设计中最需要考虑的因素之一是场地以及与场地有关的条件。行人和车辆的入口处是使停车建筑内部和外部循环起来的关键；而诸如地形因素，在设置多层入口通道以及根据停车建筑占地选用适当的循环系统时都很有用；此外，场地分布条件如障碍物和建筑间距也是影响停车场地（库）占地的因素。

（1）停车场出入口设计要求。一般情况下，出入口设计注意以下要求：

①可能的话，入口和出口最好安排在停车建筑的转角处，避免与内部循环冲突；出入口宽度不小于 7 m。

②少于等于 50 辆的停车场可设一个出入口，其宽度采用双车道；50~300 辆的停车场设两个出入口；大于 300 辆的停车场出入口宜分开设置，两个出入口之间的距离宜大于 20m，其宽度采用双车道。

③测定从每个方向来的交通量，以及车辆是否必须穿过另一股交通流才能进入停车场。

④停车场出入口应符合行车视线要求，并应右转出入车道。

⑤特大、大、中型汽车库的库址出入口应设于城市次干道，不应直接与主干道连接。

⑥汽车库库址的车辆出入口，距离城市道路的规划红线不应小于 7.5m，并在距出入口边线内 2 m 处作视点的 120°范围内至边线外 7.5 m 以上不应有遮挡视线障碍物。

⑦同时应满足《民用建筑设计通则》的要求。

另外，车流量较大的基地（包括出租汽车站、车场等），其通路连接城市道路的位置应符合下列规定：

①距大中城市主干道交叉口的距离，自道路红线交点量起不应小于 70m（入口和出口要远离街道拐角，以免造成交通瓶颈）。

②距非道路交叉口的过街人行道（包括引道、引桥和地铁出入口）最边缘线不应小于 5m。

③距公共交通站台边缘不应小于 10m。

④距公园、学校、儿童及残疾人使用建筑的出入口不应小于 20m。

⑤当基地通路坡度较大时，应设缓冲段与城市道路连接。

（2）停车位布置。停车位的布置应符合如下规定：

①停车场车位宜分组布置，每组停车数量不宜超过 50 辆，组与组之间距离不小于 6m。

②停车场出入口应符合行车视点要求，并应右转出入车道。

③住宅区内采用道路一侧停车时，停车带宽度不小于 2.5m，路面宽度不小于 7.5m。

④停车场坡度不应超过 0.5%，以免车辆发生溜滑。

⑤需设置一定比例的残疾人停车位，应有明显指示标志，其位置应靠近建筑物出入口处，残疾人停车位与相邻车位之间应留有轮椅通道，其宽度大于等于 1.2m。

（3）车辆停放方式。

①平行式是一种车辆平行于行车道的停车方式，这种方式方便车辆的驶入驶出，通常适用于路边、狭长场地等位置，是最常见的停车方式。但由于其停车面积较大，所以经济性较差。

②垂直式是一种车辆垂直于行车道的停车方式，这是停车场布置中最常用的一种停车方式。其停车面积小，经济合理。

③斜列式是一种车辆与行车道成一定角度的停车方式，常见的有 30°、45°、60° 及倾斜交叉几种形式。由于可以通过调整停车角度来控制停车带宽度，所以这种形式对场地的适应性较强。

（4）汽车库坡道。汽车库内当通车道纵向坡度大于 10% 时，坡道上、下端均应设缓坡。其直线缓坡段的水平长度不应小于 3.6m，缓坡坡度应为坡道坡度的 1/2；曲线缓坡段的水平长度不应小于 2.4m，曲线的半径不应小于 20m；缓坡段的中点为坡道原起点或止点。

4. 场地竖向设计

综合考虑地形条件、建筑功能、建筑技术等因素的要求，合理布置道路，进行地面排水组织，解决场地与建筑之间的竖向关系，对室外场地建筑中不同功能区块做出设计与安排，统称为竖向设计。

竖向设计是为了满足道路交通、场地排水、建筑布置和维护、改善环境景观等方面的综合要求，对自然地形进行利用和改造而进行的，以确定场地坡度和控制高程、平衡土石方量等内容为主的专项技术设计。

在干旱贫水地区，竖向设计应做到使雨水就地渗入地下，或使雨水便于收集储存和利用；在降雨量大、洪涝多发地区，为减少排放至江、河、湖、海的雨水量，竖向设计可考虑雨水就地收集利用。

（1）竖向设计的内容：

①制订利用与改造地形的方案，合理选择、设计场地的地面形式。

②确定场地坡度、控制点高程、地面形式。

③合理利用或排除地面雨水的方案。

④合理组织场地的土石方工程和防护工程。

⑤配合道路设计、环境设计，提出合理的解决方案与要求。

（2）竖向设计应满足的要求：

①合理利用地形地貌，减少土石方、挡土墙、护坡和建筑基础工程量，减少对土壤的冲刷。

②各项工程建设场地的高程要求以及工程管线适宜的埋设深度。

③场地地面排水及防洪、排涝的要求。

④车行、人行及无障碍设计的技术要求。

⑤场地设计高程与周围相宜的现状高程（如周围的城市道路标高、市政管线接口标高等）及规划控制高程之间，有合理的衔接。

⑥建筑物与建筑物之间，建筑物与场地之间（包括建筑散水、硬质和软质场地），建筑物与道路停车场、广场之间有合理的关系。

⑦有利于保护和改善建设场地及周围场地的环境景观。

（3）场地设计标高的确定：

①场地设计标高应高于或等于城市设计防洪、防涝标高；沿海或受洪水泛滥威胁的地区，场地设计标高应高于设计洪水位标高 0.5~1m，否则必须采取相应的防洪措施。

②场地设计标高应高于多年平均地下水位。

③场地设计标高应高于场地周边道路设计标高，且应比周边道路的最低路段高程高出 0.2m 以上。

④场地设计标高与建筑物首层地面标高之间的高差应大于 0.15m；在湿陷性黄土地区，易下沉软地基地区应适当加大其高差；在潮湿气候地区，可将建筑物首层地面架空，使其与地面脱开，在土壤与首层楼面之间做通气孔，并用铁箅防护。

（4）场地坡度的确定：

①基地地面坡度不应小于 0.3%；地面坡度大于 8%时应分成台地，台地连接处应设挡墙或护坡。各专业规范都明确规定最小地面排水坡度为 0.3%。

②为了便于组织，用地高程至少比周边道路的最低路段高程高出 0.2m，防止用地成为"洼地"。

③用地自然坡度小于 5%时，宜规划为平坡式；用地自然坡度大于 8%时，宜规划为台阶式。

④在居住区内的公共活动中心，应设置供残疾人通行的无障碍通道。通行轮椅车的坡

道宽度不应小于 2.5 m，纵坡不应大于 2.5%。

⑤当居住区内用地坡度大于 8%时，应辅以梯步解决竖向交通，并宜在梯步旁附设推行自行车的坡道。

⑥当自然地形坡度大于 8%时，居住区地面连接形式宜选用台地式，台地之间应用挡土墙或护坡连接。

5. 场地组织形式

（1）平坦地面的组织形式。平坦地面的组织形式是在建筑场地基本平坦，无明显高差变化时，最常采用的是平坡式布置，这时主要考虑的是室外排水组织、室内地坪标高的确定。

（2）台地式组织形式。台地式组织形式适用于自然坡度较大，面积较大的场地，是山地建筑常见的组织形式，通过几个不同标高的建筑场地平面分割场地，同时在连接处设挡土墙、护坡、截水沟等构造措施。

6. 场地的绿化景观

绿化景观同样是场地设计中重要的一部分，绿化景观设计的好坏直接影响该场地的整体效果。

从美化环境的角度讲，它能改变环境，愉悦人们的心灵，同时还可以增强建筑物的层次感和自然情趣，促进人与自然的关系、人工环境与自然环境的和谐。

从环保的角度讲，它可以净化城市的空气，减少城市的噪声，同时还能调节一定范围内的小气候。

在场地绿化景观的设计中，不能单纯地种植一些树木与草坪，而是必须通过景观设计中的不同元素（如亭子、花架、喷泉、灯柱、不同材质的铺地等），根据建筑不同的个性，强调总图设计的合理性，突出建筑物，处理好各元素的尺度，精心设计，切忌生搬硬套，使绿化景观起到组织、联系空间和点缀空间的作用。

二、建筑小品设计

所谓建筑小品，是指建筑中内部空间与外部空间的某些建筑要素。它是一种功能简明、体量小巧、造型别致且带有意境、富于特色的建筑部件。它们富有艺术感的造型以及恰如其分的同建筑环境的结合，可构成一幅幅具有鉴赏价值的图画。例如，形式新颖的指示牌、清爽自动的饮水台、造型别致的垃圾箱、尺度适宜的坐凳、形状各异的花斗、简洁大方的书报亭等，对它们的艺术处理可以丰富外部空间环境。

（一）建筑小品在室外建筑空间组合中的作用

建筑小品虽体量小巧，但在室外建筑空间组合中却有重要的地位。在建筑布局中，结合建筑的性质及室外空间的构思意境，常借助各种建筑小品来突出表现室外空间构图中的某些点，起到强调主体建筑的作用。

建筑小品在室外建筑空间组合中虽不是主体，但它们通常均具有一定的功能意义和装饰作用。例如庭院中的一组仿木坐凳，它不仅可以供人们在散步、游戏之余坐下小憩，同时又是庭院中的一景，丰富了环境。又如小园中的一组花架，在密布的攀藤植物覆盖下，提供了一种幽雅清爽的环境，并给环境增添了生气。

建筑小品在室外建筑空间组合中能起到分隔空间的作用。在室外环境中用上一片墙或敞廊就可以将空间分成两个部分或几个不同的空间；在这片墙上或敞廊的一侧，开出景窗，不仅可使各空间的景色相互渗透，而且可以增加空间的层次感。

有些建筑小品在室外建筑空间组合中除用于组景外，其自身就是一个独立的观赏对象，具有引人注目的鉴赏价值。

因此，建筑小品在群体环境中是个积极因素，对它们进行恰当的运用和精心的艺术加工，使其更具有使用及观赏价值，将会大大提高群体环境的艺术性。

（二）建筑小品的设计原则

建筑小品作为建筑群外部空间设计的一个组成部分，它的设计应以总体环境为依据，充分发挥建筑小品在外部空间中的作用，使整个外部空间丰富多彩，因此，建筑小品的设计应遵循以下原则：

（1）建筑小品的设置应满足公众使用的心理行为特点，便于管理、清洁和维护。

（2）建筑小品的造型要考虑外部空间环境的特点及总体设计意图，切忌生搬硬套。

（3）建筑小品的材料运用及构造处理，应考虑室外气候的影响，防止因腐蚀、变形、褪色等现象的发生而影响整个环境。

（4）对于批量采用的建筑小品，应考虑制作、安装的方便，并进行经济效益的分析。

（三）建筑小品的类型

建筑小品是指既有功能要求，又具有点缀、装饰和美化作用的从属于某一主体性建筑空间环境的小体量建筑、游憩观赏设施和指示性标志物等的统称。园林中体量小巧、功能简明、造型别致、富有情趣、选址恰当的精美建筑物，称为园林建筑小品，其内容丰富，在园林中起点缀环境、活跃景色、烘托气氛、加深意境的作用。建筑小品是相对大型建筑而言的，包括中国古代建筑中的牌楼、华表、香炉、影壁、须弥座、堆石等和现代建筑中的亭、台、楼、阁、榭、廊、桥、径、景墙、围墙、花架、花坛、花境、假山、水溪、喷泉、跌水、园灯、园模等。

建筑小品可分为以下几种类型：

（1）服务小品，指供游人休息、遮阳用的亭、廊、架、椅，为游人服务的电话亭、洗手池，为保持环境卫生设的垃圾箱等。

（2）装饰小品，指各种雕塑、铺装、景墙、门窗、栏杆等。

（3）展示小品，指各种布告栏、导游图、指示牌、说明牌等。

（4）照明小品，指以草坪灯、广场灯、景观灯、庭院灯、射灯等为主的灯饰小品。

（四）建筑小品的构思技巧

与普通建筑不同之处在于，由于建筑小品的构思出发点较多功能上限制较小，有的几乎没有功能要求，因而在造型立意、材质色彩运用上都更加灵活和自由。从众多设计实例方案中，可分析归纳出以下两种构思技巧。

1. 原型思维法

众所周知，创造性的构思常常来自瞬间的灵感，而灵感的产生又是因为某种现象或事物的刺激。这些激发构思灵感的事物或现象，在心理学上称为"原型"。正是由于原型的出现，使得创作有了独特的构思和立意。原型之所以具有启发作用，关键在于原型与所构思创作的问题之间有"某些或显或隐的共同点或相似点"。设计者在高速的创作思维运转中，看到或联想到某个原型，而得到一些对构思有用的特性，出现了"启发"。古今中外，成功建筑都曾受到了"原型"的影响和启发。如丹麦设计师约恩·乌松设计的悉尼歌剧院，就受到了帆造型的启发。原型思维法从思维方式来看，是属于形象思维和创造思维的结合。建筑小品，是具象思维（具体事物和实在形象）和抽象思维（话语或现象的感知）转化为创作的素材和灵感，其在创造性、发散性和收敛性思维的作用下，导致不同方案的产生。在这一过程中，原型始终占据创造思维的核心地位。

2. 环境启迪法

在建筑小品创作中，许多方面的因素都会直接或间接影响到建筑本身的体态和表情。从环境艺术设计及其原理来看，建筑小品所处的环境是千差万别的，作为环境艺术这个大系统下的"建筑"，它的体态和表情自然要与特定的环境发生关系。设计师的任务就是要在它们之间去发现具有审美意义的内在联系，并将这种内在联系转化为建筑小品的体态或表情的外显艺术特征。因而环境启迪就是将基地环境的特征加以归纳总结，加以形象思维处理，形成创作启发，从而通过创造性思维发散，创造出与环境相协调的建筑小品。

（五）建筑小品的设计手法

1. 雕塑化处理

这种设计手法是借鉴雕塑专业的设计方法，其出发点是将建筑视为一件雕塑品来处理，具有合适的尺度和使用功能上的要求，力争做到建筑雕塑一体化。这是原型思维法的一种表现。

2. 植物化生态处理

这种设计手法的目的是达到与自然相融合，使建筑小品有"融入自然的体态和表情"。具体做法是在造型处理中，引入植物种植，如攀援植物、覆土植物等，通过构架的处理，在建筑小品上点缀或覆盖绿色植物，从而达到构筑物藏而不露，达到与自然相协调。而建筑小品与植物一起配置，处理得当不仅可以获得和谐优美的景观，还可突出单体达不到的功能效果。

3. 仿生学手法

运用仿生学手法，即在设计中模仿自然界的生物造型，达到"虽为人工，宛若天成"的境界。

4. 虚实倒置法

这种设计手法是通过对常用形式的研究和观察，进而在环境的启发下运用，以达到出人意料的强烈对比效果。如某景区山门设计，用四片镂空的石墙表现出古代建筑庆殿的剪影形象，十分贴切地表现出景区的特点，又给人以新颖和强烈对比的感觉。

5. 延伸寓意法

该设计手法是在一般想象力上升到创造思维后，对一些有深刻意义的事物加以升华，将其意义融入建筑小品创作中，往往使人对建筑产生无限的遐想，并回味无穷。特别是一些纪念性建筑小品更是如此。

（六）建筑小品在室外环境中的运用

一种生机盎然的室外环境，必定有各式建筑小品相伴随，而各类性质不同的室外空间中选用的建筑小品，在风格与形式上应有所呼应和协调，在选择小品的种类上要符合设计意境，取其特色，顺其自然，巧其点缀。当然建筑小品的种类有很多，运用时可按下列目的进行选用。

1. 分隔空间的小品

在室外空间组合中起分隔作用的建筑小品，如各种连廊、各式隔墙和各类门窗洞口等，它们在空间处理上可以把两个相邻的空间既分隔开，又联系起来。借助这些建筑小品形成渗透性的空间，增加了空间的层次感和流动感。例如建筑群体中的连廊，不仅将单体建筑连成整体，还可供人们散步和观赏廊两侧的景色。廊应与环境地形相结合，避免僵直呆板，可随形而弯、依势而曲。

各类门窗洞口除分隔空间外，还起到转变静态组景和动态景致的作用，景窗不仅有组景作用，而且往往本身就具有欣赏价值，窗花玲珑剔透，隐约可见他景，起到含蓄的造园效果。现代景窗采用钢材、水泥、木质等材料均可获得不同的效果，运用时要根据建筑物的风格与环境差异精心设计。

2. 点缀环境、绿化环境建筑小品

在室外空间的组合中点缀环境和绿化环境的建筑小品，如各式各样的花池和花架，它们是空间组景中不可缺少的点缀品，既美化环境又绿化环境。花池往往随地形、位置环境的不同，有单个的、组合式的，也有与座椅结合起来的，它们按空间组合意境或有规律地布置在庭院、路旁，或散点式布置，或重点形成景点。造型花钵由钢筋混凝土塑造成型，设计成各种形式，给环境增添了新意。

花架可供植物攀缘和悬挂，又是人们遮阳休息之处。花架具有亭、廊的作用，它呈长线布置时既能发挥建筑空间脉络的作用，又可用来划分空间和增加层次的深度；呈点状布置时，就像亭一样形成观赏点，不仅自身成为观赏对象，而且可以在此组织对环境景色的观赏。花架的造型是比较灵活和富于变化的，有双排柱和单排柱，有直线和曲线的布置，有属于建筑一部分的附建式，也可采取独立式。它可以在花丛中，也可以在草坪边。在布置花架时不仅要充分发挥其清新的格调，还要注意其同周围建筑和绿化栽培在风格上的统一。

3. 具有实用价值的建筑小品

在室外空间组合中，具有实用价值的建筑小品较多，如坐凳、灯、小桥、垃圾箱、指示牌、饮水台、喷泉等。这些建筑小品本身就可以构成各种不同的观赏点，同时它们还具有某种功能意义，供人们使用。

坐凳是供人们小憩的设施，在街道小游园里、商业步行街中、大小庭园中恰当地设置坐凳，给人们一种亲切感。坐凳多设置在有特色的地段，如临水、沿岸、路旁、林荫树下、花丛中和草坪上，有些不便安排的零散地也可点缀坐凳加以组织，甚至在组景上也可以运用它来分隔空间。坐凳的形式很多，在组景中采取何种造型，主要在于与环境的协调。树荫下的

一组混凝土仿木树凳粗犷古朴，在大树下围成一圈的水磨石凳会产生一种强烈的对比，在路旁、花草中的曲线矮栏坐凳自由舒展很有新意，沿岸边的带形矮凳简洁大方。

景灯是空间组合不可缺少的建筑小品之一，它在昼间可以点缀环境参加组景，夜间能充分发挥其指示和引导的作用，丰富和加强夜景气氛，特别是临水景灯衬托着波光倒影，更有一番风味。

景灯的造型不拘一格，但应具有一定的装饰性，并与环境风格基本一致。室外灯由于多是远距离观赏，或主要在于观赏其光的效果，造型可简洁质朴。有时可将同类型灯成组地设置形成重点，作为某一组景的趣味中心，属于局部空间中的灯或重点灯，可处理丰富一些，使之耐人寻味。广州拌溪小岛的灯造型简洁，在绿丛景石陪衬下颇有新意，夜晚指路更觉新鲜。北京香山饭店庭院内的石蹲灯隐身于树丛拐角处，其"方中有圆"的造型，在协调园林造景上别具一格，呼应了整个饭店设计的"方"与"圆"的几何形主题，既自然又富有风趣。我国传统庭园和日本庭园中的石灯具有强烈的民族风格，在环境中巧置一灯别有风趣。

小桥汀步在有水面的外部空间处理中，是必不可少的建筑小品。桥可联系水面各风景点，联结水路网络，并能点缀水上风光，增加空间的层次感。

水面架桥宜轻快质朴，庭院水面一般较狭窄，水势平静，常选用单跨平桥，在水面上巧铺一片薄拱，或两三片平板相折，配以顽石树景，颇具情趣。荷兰赖斯韦特市某公园内的"之"字小桥，造型轻盈、简练并富于变化。凡尔赛宫苑中的石砌小桥，造型简洁大方，略高于水面，在庭院中形成小的起伏，颇有新意。

汀步在庭院水体中也被大量采用，并有许多创新。荷兰某公园的水上石质汀步，自然浮在水面，引起人们从水上跨越的浓厚兴趣。

不同于一般交通的道路，其功能属于散步休息之用，一般应保证人流疏导，但并不以捷径为准则，小径的曲折迂回与一定的景石、景树、圆凳、池岸相配，对创造雅致的空间与艺术效果起到不可低估的作用。小径铺地的材料有石块、乱石、鹅卵石等，可以铺砌多种形式，颇具自然情趣，形态自由、生动。砖铺地可构成间方、人字、斗纹等图案，方法简单，材料易取。综合使用砖瓦石铺地也是一种普通的方法，俗称"花街铺地"。水泥预制块铺地，式样繁多，它们可以成片铺设，也可以散置在草坪中，组合拼花，图样千变万化，具有较大的适应性。

除上述小品外，还有雕塑等小品，雕塑在外部空间组合中可以体现环境的主题，并颇具鉴赏价值。它们的题材不拘一格，形体可大可小，刻画的形象或自然或抽象，表达的主题有严肃有浪漫，它们在环境中的出现使意境趣味倍增。

第五章　建筑剖面与建筑造型设计

第一节　建筑剖面设计

建筑剖面是建筑设计全过程中一个不可缺少的部分，其任务是：根据各建筑物的用途、性质、规模以及使用要求，对建筑物在竖向上的一些空间进行组合，从而确定建筑物的层数；各楼地面、屋面与外墙的交接做法；内部空间的利用以及各细部尺寸的确定等。

建筑剖面设计与建筑平面、立面设计是相互贯穿的，必须做到紧密结合。

一、建筑剖面的形状

（一）剖面形状的影响因素

房间的剖面形状受到多种因素的影响，如使用要求、功能特点、经济条件以及特定的艺术构思等。

（二）剖面形状的分类

1. 矩形剖面

矩形空间的六个界面均为水平或竖直平面，剖面简洁、规整，给人强烈的秩序感，同时具有以下三大优点：易获得完整而紧凑的整体造型，利于梁板式结构布置，节约空间、施工方便。

2. 非矩形剖面

非距形剖面常用于有特殊要求的房间，形成特定的空间效果，或用于特殊的结构形式所限定的特殊空间。

二、建筑层数的确定

建筑层数是方案设计初期就需要确定的问题之一，它所涉及的因素有很多方面，主要有：建筑使用的要求；城市规划的要求；建筑结构的要求；建筑防火的要求；建筑经济的要求。

（一）建筑使用的要求

不同的建筑类型必然会有不同的使用要求，通常对建筑的层数也会有不同的要求。

幼儿园、中小学、医院等建筑由于其使用者主要为幼儿、少儿以及病残体弱者，这类建筑的层数通常控制在 3~5 层。

影剧院、体育馆、汽车站等建筑类型，由于使用者呈现较大人流量，考虑人流集散方便，也应以一层或低层为主。

相对而言，城市的公寓住宅、办公旅馆以及公共商务建筑一般会控制为多层、小高层或高层。

（二）城市规划的要求

在城市建设中，所有的建筑都必须符合城市的规划要求，单体建筑的高低直接影响该城市的整体面貌，所以，层数的确定必须严格遵循城市规划要求。

另外，城市航空港附近的一定范围内，从飞行安全的角度考虑，对新建建筑物也有明确的限高。

（三）建筑结构的要求

不同类型的建筑会有不同的层数与高度，除了满足城市规划的要求外，还必须满足不同结构的要求以保证建筑的结构稳定。不同的结构形式其高度与层数也是不同的。建筑物的结构和材料，以及施工条件等因素，也会对建筑层数的确定有一定的影响。不同建筑结构类型和建筑材料有不同的适用性：

（1）砖混结构——多层；

（2）混凝土框架结构——多层、小高层；

（3）混凝土框架结构——高层；

（4）钢结构——高层、超高层；

（5）钢筒结构——超高层。

另外，建筑结构还受抗震规范的限制，如多层砌体与混合结构，由于结构自重较大，强度较低，整体性较差，建筑层数和高度有明确的限制。

（四）建筑防火的要求

在建筑防火规范中，对于不同的防火等级均规定了不同的建筑高度与层数，进行单体设计时必须严格查阅其防火规范。

（五）建筑经济的要求

建筑层数与造价的关系非常密切，建筑层数越多，在面积相同的条件下，用地越少，单方造价随之降低。多层与高层相比，结构成本提高，建筑设备、电梯、供水等费用也大大增加。

在考虑建筑经济的问题时，还要考虑经济效果。除了房屋的单方造价外，还需进一步考虑征地、拆迁、小区建设以及市政配套费用等多方面因素，以达到良好的经济效益。

三、建筑各部分高度的确定

（一）建筑的标高系统

在建筑设计中，建筑物各个部分在垂直方向的高度用一个相对标高系统来表示。一般将建筑物底层室内地面标高确定为±0.000，单位是米（m），高于这个平面的标高都为正，低于此平面的标高都为负。

（二）层高的确定

表达建筑物每层的高度一般使用"净高"与"层高"两个概念。如房间净高是指室内地面到吊顶或楼板底面之间的垂直距离，如果楼板或屋盖的下悬构件影响有效使用空间，则应按地面至结构下缘之间的垂直高度计算。在有楼层的建筑中，楼层层高是指上下相邻两层楼（地）面间的垂直距离。层高与净高之间的差值就是楼板结构构造厚度。

在建筑设计中，主要考虑使用功能对房间净高的要求，结合结构厚度，对层高进行直接控制。与建筑开间、进深一样，层高的确定也是遵循模数数值，当层高在 4.2m 以下时，选用 100mm 的模数级差，当层高在 4.2m 以上时，则选用 300mm 的模数级差。不同类型的房间对净高的要求各不相同，影响房间高度的因素主要有以下几方面。

1. 人体活动及家具设备的使用要求

房间的净高与人体活动尺度有很大关系。一般情况下，室内最小净高至少应使人举手不接触到顶棚为宜，为此，房间净高应不低于 2.2m，地下室、储藏室、局部夹层、走道及房间的最低处净高不应小于 2m。对于住宅中的居室和旅馆中的客房等生活用房，从人体活动及家具设备在高度方向的布置考虑，净高 2.6m 已能满足正常的使用要求。集体宿舍由于使用人数较多，净高应适当加大，特别是设双层床铺时，室内净高应不低于 3.2m。

对于使用人数较多、房间面积较大的公用房间（如教室、办公室等），室内净高常为3~3.3m。中小学教室按照卫生标准规定，每个学生的气容量为3~5m^2/人，在一定教室面积的条件下，必须根据所容纳学生人数，保证足够的层高以满足人均气容量要求。而对于影剧院观众厅，决定其净高时考虑的因素比较多，涉及观众厅容纳人数的多少及视线、声音等要求，即视线声音无遮挡，且反射声分布合理。

建筑内部一般都需要布置一些设备，在民用建筑中，对房间高度有一定影响的设备布置主要有顶棚部分嵌入或悬吊的灯具、顶棚内外的一些空调管道以及其他设备所占的空间。还有一些比较特殊的设备要求，如观演厅内的声光设备、舞台吊景设备、医院手术室内的医疗照明与器械设备等，确定这些房间的高度时，必须充分考虑到设备所占的尺寸。对于游泳池比赛厅，主要考虑跳台的高度，电影院放映厅则考虑银幕的高度。有时为了节约空间，只在房间安放设备的部位局部提高层高以满足要求，其他部分仍按一般要求处理，顶棚可以处理成倾斜的，以减少不必要的空间损失。

2. 通风采光要求

房间的高度应有利于自然通风和采光，以保证房间必要的卫生条件。建筑内部的通风组织，除了与窗的平面位置有关外，也受到窗洞高度的影响。从剖面上要注意进出风口位置的设置，引导空气穿堂贯通，充分利用风压与热压的共同作用，达到良好的通风效果。一般在墙的两侧设窗洞进行对流，或在一侧设窗洞让空气上下流通，有特殊需要的房间，还可以开设天窗，增加空气压差。

室内光线的强弱和照度是否均匀，除了和平面中窗户的宽度及位置有关外，还和窗户在剖面中的高低有关。房间里光线的照射深度主要靠侧窗的高度来解决。一般房间窗口上沿越高，光线照射深度越远，室内照度的均匀性越好。所以房间进深大或要求光线照射深度远的房间，层高应大些。当房间采用单侧采光时，通常侧窗上沿离地的高度应大于房间进深长度的一半；当房间允许双侧采光时，窗户上沿离地的高度应大于房间总进深的1/4。为了避免房间顶部出现暗�，侧窗上沿到房间顶棚底面的距离，应尽可能留得小一些，但是需要考虑到房屋的结构、构造要求，即窗过梁或房屋圈梁等的必要尺寸。

在一些大进深的单层房屋中，为了使室内光线均匀分布，可在屋顶设置各种形式的天窗，形成各种不同的剖面形式。如大型展览馆的展厅、室内游泳池等，主要大厅常以天窗的顶光和侧光相结合的布置方式使房间内照度均匀、稳定，减轻和消除眩光，提高室内采光质量。

3. 空间比例与心理要求

室内空间的比例直接影响到人们的精神感受，封闭或开敞、宽大或矮小、比例协调与否都会给人以不同的感受。如面积大而高度低的房间会给人以压抑感，面积小而高度高的房间又会给人以局促感。一般来说，当空间高度一定，房间面积过大，房间就显得低矮；当房间面积一定，空间高度过高，房间就显得狭小。因此，面积越大的房间需要的高度也越高；反之，面积越小的房间需要的高度也越小。净高 2.4m 用于住宅建筑的居室，使人感到亲切、随和，但如果用于教室，就显得过于低矮。一般来说，房间的剖面高度与其面积应保持合适的比例，不过对于有某些特殊需要的建筑空间，如纪念堂、大会堂等，为了显示其庄严、肃穆，可适当增加剖面高度；若需要显示博大、宁静的空间气氛，也可用适当降低剖面高度来实现。

在建筑剖面处理时，需要考虑到不同平面尺寸的房间在空间上的不同需要。在同一层高下，大空间的空间尺度感觉合适时，小空间往往就显得太高，如走廊过道空间，平面狭长，可以运用局部的吊顶降低其空间高度，达到空间比例协调的目的。一个房间在剖面上处理出两种不同高度，也是对空间进行软性划分的有效手段，如居室中常常将起居室和餐厅空间结合在一起，同一个空间中的两种功能用剖面上的高差处理分隔开来。

4. 结构层高度及构造形式的要求

结构层高度主要包括楼板、屋面板、梁和各种屋架所占的高度。层高等于净高加上结构层的高度，在同等净高要求下，结构层愈高，则层高愈大。

一般开间进深较小的房间，如采用墙体承重，在墙上直接搁板，结构层所占高度较小，对于建筑高度的利用比较充分。开间进深较大的房间多采用梁板布置方式的钢筋混凝土框架结构，梁的高度与柱距直接相关，一般梁高为柱距的 $1/12 \sim 1/8$，对于一些大跨度建筑，多采用屋架、空间网架等构造形式，其结构层高度更大。房间如果采用吊顶构造时，层高则应再适当加高，以满足净高需要。

5. 建筑经济效益要求

在满足使用、采光通风、空间感受等要求的前提下，适当降低房间的层高，可产生十分突出的经济效益。降低层高可以降低整幢建筑的高度，有效减轻建筑物的自重，改善结构受力情况，减少围护结构面积，节约建筑材料，并减少使用中的能耗损失，还能够缩小建筑间距，节省投资和用地。因此，合理确定层高对于控制建筑物的经济成本、创造经济效益有着重大意义。

（三） 建筑细部高度的确定

1. 窗台高度

窗台的高度主要根据室内的使用要求、人体尺度和家具或设备的高度来确定。民用建筑中生活、学习或工作用房的窗台高度，一般大于桌面高度，小于人们的坐姿视平线高度，常采用900mm左右，这样的尺寸和桌子的高度配合关系比较恰当。浴室、厕所及紧邻走廊的窗户为了避免视线干扰，窗台常常设得比较高，常采用1500~1800mm。幼儿园建筑根据儿童尺度，活动室的窗台高度常采用600mm左右。对疗养院建筑和风景区的一些建筑物，以及住宅建筑中的朝南面的起居室，由于要求室内阳光充足或便于观赏室外景色，常降低窗台高度至300mm或设置落地窗。一些展览建筑，由于需要利用墙面布置展品，则将窗台设置到较高位置，使室内光线更加均匀，这对大进深的展室采光十分有利。以上由房间用途确定的窗台高度，如与立面处理矛盾时，可根据立面需要，对窗台做适当调整。当窗台低于800mm时，应采取防护措施。

2. 雨篷高度

雨篷的高度要考虑到与门的关系，过高遮雨效果不好，过低则有压抑感，而且不便于安装门灯。为了便于施工和使构造简单，可以将雨篷与门洞过梁结合成一个整体。雨篷标高宜高于门洞标高200mm左右。出于建筑外观考虑，雨篷也可以设于二层，甚至更高的高度，获得尺度更大的过渡空间。

3. 建筑内部地面高差

建筑内部同层的各个房间地面标高应尽量取得一致，这样行走比较方便。对于一些易于积水或者需要经常冲洗的房间，如浴室、厨房、阳台及外走廊等，它们的地面标高应比其他房间的地面标高低20~50mm，以防积水外溢，影响其他房间的使用。不过，建筑内部地面还是应尽量平坦，高差过大会不便于通行和施工。

4. 建筑室内外地面高差

一般民用建筑常把室内地面适当提高，这既是为了防止室外雨水流入室内，防止墙身受潮，又是为了防止建筑物因沉降而使室内地面标高过低，同时为了满足建筑使用及增强建筑美观的要求。室内外地面高差要适当，高差过小难以保证满足基本要求，高差过大又会增加建筑高度和土方工程量。对大量的民用建筑而言，室内外地面高差一般为300~600mm。一些对防潮要求较高的建筑物，需参考有关洪水水位的资料以确定室内地面的标高。建筑物所在场地的地形起伏较大时，需要根据地段内道路的路面标高、施工时的土方量以及场地的排水条件等因素综合分析后，选定合适的室内地面标高。一些纪念性及大型的公共建筑，从建筑造型考虑，常加大室内外高差，增多台阶踏步数目，以取得主入口处庄重、宏伟的效果。

四、建筑剖面的组合形式

建筑剖面的组合形式主要是由建筑物中各类房间的高度和剖面形状，房屋的使用要求和结构布置特点等因素决定的，归纳起来主要有以下几种形式。

（一）单层建筑的剖面组合形式

建筑空间在剖面上没有进行水平划分则为单层建筑。单层建筑空间比较简单，所有流线都只在水平面上展开，室内与室外直接联系，常用于面积较小的建筑，用地条件宽裕的建筑以及大跨度、需要顶部采光通风的建筑等。对于层高相同或相近的单层建筑，为简化结构，便于施工，最好做等高处理，即按照主要房间的高度来确定建筑高度，其他房间的高度均与主要房间保持一致，形成单一高度的单层建筑。对于建筑各部分层高相差较大的单层建筑，为避免等高处理造成空间浪费，可根据实际情况进行不同的空间组合，形成不等高的剖面形式。

（二）多层和高层建筑的剖面组合

多层和高层建筑空间相对比较复杂，包括许多用途、面积和高度各不相同的房间。如果把高低不同的房间简单地按使用要求组合起来，势必造成屋面和楼面高低错落，流线过于崎岖，结构布置不合理，建筑体型凌乱复杂的结果。因此在建筑的竖向设计上应当考虑各种不同高度房间合理的空间组合，以取得协调统一的效果。实际上，在进行建筑平面空间组合设计和结构布置时，应当对剖面空间的组合及建筑造型有所考虑。多层和高层建筑的剖面组合，首先是尽量使同一层中的各房间高度取得一致，或将平面分成几个部分，每个部分确定一个高度，然后进行叠加组合或错层组合。

1. 叠加组合

如果建筑在同一层房间的高度都相同，不论每层层高是否相同，都可以采用直接叠加组合的方式，上下房间、主要承重构件、楼梯、卫生间等应对齐布置，以便设备管道能够直通，使布置经济合理。许多建筑如住宅、办公楼、教学楼等每层平面与高度都基本上一样，在设计图纸中以标准层平面来代替中间层，剖面只需按要求确定层数，垂直叠加即可。这种剖面空间组合既有利于结构布置，也便于施工。

有些建筑因造型需要，或要满足其他使用要求，建筑各层采用错位叠加的方式。上下错位叠加既可以是上层逐渐向外出挑，也可以是上层逐渐向内收进。如住宅建筑的顶层向内收进，或逐层向内收进，形成露台，以满足人们对露天场地的需求。一些公共建筑采用上下错位叠加的方式进行造型处理，可以获得非常灵活的建筑形体。

2. 错层组合

当建筑受地形条件限制，或标准层平面面积较大，采用统一的层高不经济时，可以分区分段调整层高，形成错层组合。错层组合关键在于连接处的处理，对于错层间高差不大，层数也较少的建筑，可以在错层间的走廊通道处设少量台阶来解决高差；当错层间高差达到一定高度并且每层都相同时，可以结合楼梯的设计，使楼梯的某一中间休息平台高度与错层高度相同，巧妙地利用楼梯来连接不同标高的错层；当建筑内部空间高度变化较大时，也应尽量综合考虑楼梯设计，利用不同标高的楼梯平台连接不同高度的房间。

3. 跃层组合

跃层组合主要用于住宅建筑中，这种剖面组合方式节约公共交通面积，各住户之间的干扰较少，通风条件好，但结构比较复杂，施工难度较大，通常每户所需的面积较大，居住标准较高。

（三）建筑中特殊高度空间的剖面处理

在建筑空间中，有时会出现特殊的空间，如面积较大的多功能厅以及大部分建筑都具有的门厅，这些空间因为面积比较大，或者使用要求比较特殊，从而需要比其他空间更高的层高，在建筑设计时需要特别处理好这些空间与其他使用空间的剖面关系。

一般来说，为了满足这些空间的特殊高度要求，通常采取以下几种手法。

（1）将有特殊高度要求的空间相对独立设置，与主体建筑之间用连接体进行过渡衔接，这样，它们各自的高度要求都可以得到满足，互不干扰。

（2）将有特殊高度要求的空间所在层的层高提高，例如为了满足门厅的高度要求，将底层层高统一提高，底层其他使用空间高度与门厅高度保持一致。在两者高度要求相差不大的情况下可以使用这种方式，结构与构造的处理上比较容易，但如果两者高度要求相差较大，则空间浪费较多。

（3）局部降低地坪，以满足特定空间的需要。这种方式如果能结合地形进行设计，则可以巧妙地将地形变化的不利因素转化为有利因素，解决建筑空间的多种需求。

（4）在建筑剖面中，遇到有特殊高度要求的房间，还可以将其做成多层通高，一个空间占用多层高度。如门厅常常为了显示其空间的高大宏伟而高达 2~3 层，在剖面中充分考虑门厅高度与其他层高的关系，既可以满足各个房间不同的高度要求，又充分利用建筑空间，避免空间浪费。

高层建筑中通常把高度较低的设备房间布置在同一层，成为设备层，同时兼作结构转换层，使得高度相差较大的房间布置在建筑的上部，采用不同的结构体系。

对于高度要求特别大的空间，如体育馆和影剧院建筑中的比赛厅、观众厅，与其他辅助性空间高度相差悬殊，而且主体空间本身剖面形状呈不规则矩形，有相当大的底部倾斜、起坡，这时可以将辅助性的办公、休息、厕所等空间布置在看台以下或大厅四周，以实现大小空间的穿插和紧密结合。

五、建筑空间的利用

（一）楼梯间的利用

楼梯间底层休息平台下的空间是一个死角，这个空间可用作储藏室、厕所等辅助房间，或作为通向另一空间的通道。住宅建筑常利用这一空间做单元入口，并兼作门厅。底层休息平台下空间高度一般较小，可调整底层楼梯形式，或适当抬高平台高度，或降低平台下部地面标高，以保证使用净高要求。

顶层楼梯间上部的空间，通常可以用作储藏室。利用顶层上部空间时，应注意梯段与储藏间底部之间的净空应大于 2.2m，以保证人通过楼梯间时，不会发生碰撞。

（二）走廊上部空间的利用

建筑中的走廊一般较窄，按照空间比例的要求，其净高可比其他使用空间低些，但为了结构简化，通常走廊与其他房间的高度相同，造成走廊的上部空间产生一定的浪费。因此，常常将走廊局部吊顶，这样既可以调节走廊空间的剖面比例，还可以充分利用走廊上部的吊顶空间设置通风、照明等线路和各种管道。

（三）坡屋顶下方空间的利用

许多住宅建筑采用坡屋顶形式，既美观，也便于组织排水，但坡屋顶造成内部空间的不规则，为了保证低处的净高，就要浪费一些高处的空间。因此，坡屋顶下可以做成阁楼用作储藏空间加以利用，或者作为家中小巧却充满变化的趣味空间。

（四）大空间的充分利用

公共建筑中常常有大空间，如面积较大的门厅、休息厅、图书馆阅览室等，不仅面积较大，高度也较高。大空间周边可以设置夹层，既可以达到充分利用空间的目的，还可以衬托出主体空间的高大宏伟。如图书馆的开架阅览室，一般面积较大，层高较高，而书架陈列部分则尺度较小，不需要过高的空间，就可以充分利用阅览室的空间高度，设置夹层来陈列藏书。

（五）建筑细部空间的利用

住宅室内常用设置吊柜、壁柜、搁板等方式充分利用边角空间，如窗台下部空间可作为储物柜存放日常生活用具。为了美化建筑立面，避免空调室外机随意悬挂，凸窗下部空间还可以被用作统一的空调室外机位，不仅能巧妙利用空间，也是维护建筑立面的一种有效措施。

第二节 建筑造型创作的构思特征

一、反映建筑内部空间与个性特征的构思

不同类型的建筑会有不同的使用功能，而不同的建筑功能所组合的建筑内部空间也会不同，也正是这些不同的功能与空间奠定了建筑的个性，也可以说，一幢建筑物的性格特征很大程度上是功能的自然流露。因此，对于设计者来说，要采用那些与功能相适应的外形，并在此基础上进行适当的艺术处理，从而进一步强调建筑性格特征并有效地区别于其他建筑。

（一）医疗建筑

建筑立面开窗常为排列整齐的点窗或带形窗，并利用白色外墙和红十字作为象征符号，以强调建筑性格特征。

采用大厅式和走道式的空间组合形式，由于功能、流线相对复杂，往往形成彼此独立而又有联系的高低不同的体量组合，并采用多入口形式，如普通门诊、急诊、传染病种等均应设置独立出入口。

（二）文教建筑

幼儿园建筑多以鲜明的立面色彩、简单的几何形状来满足"童心"的生长需求，加上

以班级为单位的"单元式"为主的多重组合的特点，构成了幼儿园建筑特有的性格特征。

中小学校建筑的主要使用房间是教室，对光线要求较高，立面常为宽大、明亮的窗户，为满足大量学生的课间活动及休息，较多采用外廊式布置。因此，连续成组的大面积开窗、通畅的外廊和宽敞的出入口成为它明显的特征。

（三）体育建筑

巨大的比赛大厅以及特殊的大跨度空间结构一起构成了体育建筑舒展、阔大的外观形式，内部空间根据观赏的需求，多为椭圆形。比赛大厅周围采用台阶形式的环状看台下方低矮空间则是观众入口以及运动员用房，这些都将通过外部形体而得到明确的反映。

在满足使用功能的同时，许多体育建筑利用特殊的建筑结构和建筑材料，使其造型更加饱满、富有张力，表达出一种竞技场上的"力量感"。

（四）办公建筑

办公建筑一般内部空间不大，开窗多以一个开间为单位，造型以普通点窗为主。

一些综合性商业办公楼，功能较多，开窗形式多变，外表以大面积玻璃幕墙为多，底层也会有一定面积的商业用房。

行政办公建筑，为塑造严谨、务实的政府形象，多采用左右对称的造型手法，其开窗为点与面的结合。由于建筑内部职能单位较多，为保证流线通畅，底层出入口也较多。

（五）交通建筑

交通建筑可分为长途公路客运站、铁路客运站、航空客运站和水路客运站。这些建筑的共同点主要表现为：明亮而高大的候车大厅、宽敞的出入口以及宽广的站前广场。不同的客运站又会有不同的特点。

1. 公路客运站（长途汽车站）

该建筑除了有高大的候车大厅外，还设有空间相对高大的售票大厅、行包提取厅等，这些空间之间通常都会用廊来连接。站前广场上常设钟楼（塔）。对于规模稍大一些的客运站，还会配置专门的行政大楼或商务大楼。

2. 铁路客运站（火车站）

铁路客运站与长途汽车站功能基本相同，但由于规模较大，乘客流线复杂，多为立体交通。因此，站前均设有高架立体交通道。以便进出站的人流分道。

3. 航空客运站（航站楼）

该建筑除设有高大明亮的候机楼外，由于进站登机手续较为特殊，候机楼前还会设置换票厅、安检厅等。从建筑外观看，这些大厅可以合而为一，也可分别设置。此外，还会有专门高耸的指挥塔和较为复杂的站前高架交通道。

4. 水路客运站

水路客运站作为服务于水上交通的建筑，其设计特点与功能需求与其他交通建筑有所不同。它通常包含一个或数个候船大厅，这些大厅往往临水而建，提供乘客等待登船的空间。与公路和铁路客运站相似，水路客运站的候船大厅也追求明亮和宽敞，以确保乘客的舒适度。

除了候船大厅外，水路客运站还设有售票处、行李寄存处以及安检区域等。这些功能区域通常布局紧凑，以方便乘客快速办理相关手续并顺利登船。与公路客运站类似，水路客运站也会在站前广场上设置钟楼或标志性建筑，以增加其辨识度。

由于水路交通的特殊性，水路客运站的站前区域往往会设计有码头或泊位，以及连接码头与候船大厅的通道或廊桥。这些设施确保了乘客能够安全、便捷地从候船大厅转移到船只上。

（六）剧院建筑

该建筑主要由门厅、观众厅及舞台三大部分组成，形成了高低不等、各具特点的三大体量：明亮宽敞的入口门厅、封闭的观众厅以及高耸的舞台。

（七）旅馆建筑

旅馆建筑分为旅游旅馆和现代商业旅馆，它是公共居住建筑，既有小空间的房间，又有较大空间的餐厅、公共活动用房及接待大量人流的门厅。在立面造型上常表现为大量整齐排列的窗子和简洁、明快、醒目的门厅。

现代商业旅馆强调普遍社会服务功能，多将商业、餐厅、后勤服务用房安排在底层裙房部分。

旅游旅馆由于观光的需要，常设阳台并做重点造型处理，对景观朝向要求较高，体形采用横向划分方式，体现出活泼的特征。

（八）住宅建筑

住宅建筑空间较小且相对简单，造型亲切且符合人体尺度。可分为独立式住宅与集合住宅，在造型上表现出不同的特点。

独立式住宅由于受到地形及周围条件的限制相对较少，所以造型可塑性较大，阳台、入口门廊、开窗等设计较为自由活泼。

城市集合住宅如多层公寓，往往呈现出多层式、单元式以及开敞式阳台重复组合的特点。而城市高层住宅，建筑形体相对简洁，由于高层风大，阳台多为封闭式。

二、基地环境与群体布局特征的构思

除功能外，地形条件及周围环境对建筑形式的影响也是一个不可忽视的重要因素。如果说功能是从内部来制约形式的话，那么，地形便是从外部来影响形式。一幢建筑之所以设计成为某种形式，追根溯源，往往都和内、外两方面因素的共同影响有着密切的关系。因此，针对一些特殊的地形条件和基地环境进行设计，常成为建筑构思的切入点。

（1）山西大同悬空寺。悬空寺发展了我国的建筑传统和建筑风格，它因地制宜，充分利用峭壁的自然形态布置和建造寺庙各部分建筑，将一般寺庙的平面建筑布局、形制等运用在立体的空间中，山门、钟鼓楼、大殿、配殿等设计得非常精巧。

（2）南平老人活动中心。该建筑位于福建闽江之滨，背山面水，建筑布局顺从江岸的地形，建筑物富有变化的尖坡与背后的山峰脉络形态和谐，建筑横向的多层次挑台与江水上下呼应，横向流动，达到了山、水、建筑协调相依的效果。

（3）广西桂北吊脚楼。桂北吊脚楼在崎岖不平的桂北山区、崖谷或江边凌空而建，犹如一条条长龙，气势宏伟，它们有的紧密地挨在一起，有的依地势叠在一起，有的蜿蜒几公里或骑架在堤岸上，这些早已成为结合地形和环境的桂北建筑的特点。

（4）美国流水别墅。该建筑位于风景优美的山林之中，地形复杂，溪水跌落的沟谷地段上。设计师赖特巧妙地将有虚有实的建筑与所在环境的山石、林木、流水紧密交融，并充分利用建筑材料与技术的性能，以一种独特的方式实现了建筑与环境的高度结合。

（5）交通银行太湖会议中心。该建筑位于太湖东侧某三向倾斜的半山岗上，依山就势，既有向上，又有向下，匍匐于山坡，塔楼与起伏的建筑共同构成了天际线，丰富了原有山体的轮廓线，活跃了自然环境。

（6）美国加州日落山庄。该建筑位于山谷中一凸起的脊坡上，背依群山，面向太平洋，一览大洋风光。建筑依山就势，随坡而筑，并设有自动扶梯，形成了多层次入口，将建筑与环境及技术有机地融为一体。

三、反映一定象征与隐喻特征的构思

在建筑设计中，把人们熟悉的某种事物，或带有典型意义的事件作为原型，经过概括、提炼、抽象，成为建筑造型语言，使人联想并领悟到某种含义，以增强建筑感染力，这就是具有象征意义的构思。隐喻则是利用历史上成功的范例，或人们熟悉的某种形态，甚至历史典故，择取其某些局部、片段、部件等，重新加以处理，使之融于新建筑形式中，借以表达某种文化传统的脉络，使人产生视觉—心理上的联想。隐喻和象征都是建筑构思常用的手法。

第三节　建筑体型和立面设计

在进行建筑平面、空间组合设计时，应注意到可能形成的建筑外部体型和立面效果，并根据建筑功能特点、环境条件和结构布置的可能性，对体型和立面进行研究和探索。

对建筑造型来说，体型和立面是相互联系密不可分的，建筑体型是建筑形象的基本雏形，它反映了建筑外形总的体量、比例、尺度等方面，对建筑形象的总体效果具有重要影响。但粗糙的雏形还有待于立面设计的进一步刻画和深化，才能趋于完善。体型和立面各有不同的设计特点和处理方法，但基本的构图原则都是一致的，并且在设计时都应遵循构图原则，结合功能使用要求和结构特点，从大处着眼逐步深入每个局部和细部，进行反复推敲，相互协调，以达到完美统一的地步。

一、不同体型特点和处理方法

（一）单一性体型

这类建筑的特点，平面和体型都较完整单一，平面形式有各方均对称的，如正方形、等边三角形、等边多角形等，此外还有简单的矩形或其他形状，体型上常以等高处理。

把复杂的功能关系，多种不同用途的大小房间，合理地、有效地加以简化，概括在简单的平面空间形式之中，便于采取统一的结构布置，是造型设计中一个极其重要的处理方法。在选择方案时应优先加以考虑。

（二）单元组合体型

单元组合体型是单一性体型的进一步发展，以便满足更大规模空间需要，把整体建筑分解成相同的若干单元，单元组合体型有很多优点，如便于分段施工和发展需要时任意拼装，而不影响整体造型和风格，因此在设计中得到广泛应用。

（三）复杂组合体型

这类体型的特点是由于各种原因不能按上述两种体型方式处理而使得整个建筑是由不同大小数量和形状的体量所组成的较为复杂的体型，因此在不同体量之间就存在着彼此相互关系的问题，如何正确处理这些关系问题是这类体型构图的重要问题。如果处理不当就如一盘散沙，成为杂乱无章的堆积物。一般来说首先应从整体出发，做好分析综合工作，将不同体量的数目减少至最低限度，然后将不同的体量分为主体部分和副体部分，或称主要部分和从属部分，使之成为有重点、有中心、有规律的完整统一体。在处理主副体关系上一般应考虑对比关系、联系呼应协调关系、均衡稳定关系等构图原则。

只有通过体量的大小、形状、方向、高低、色彩等方面的对比才能突出主体，使整个建筑形成中心。在组合上常利用不同大小、高低、体量的特点采用错落、纵横穿插等方法达到体型有起伏、轮廓丰富的效果。还常利用轴线关系，把建筑主体部分布置在主轴线上，以突出建筑中心，或者将不同大小复杂的体量组织在封闭的内院，形成整齐统一的外观。但主副体间如果仅考虑对比关系而没有在某些方面具有一定的联系，没有彼此协调、呼应，势必造成主副体之间相互脱节甚至矛盾而不能达到变化中统一的效果。上述例子都在一定程度上通过廊、连接体或处理手法上的一致性取得彼此联系，从而形成一个有机整体，而悉尼歌剧院则是不同体量间既有不同大小体量对比又取得统一协调的典型例子。

在处理不同体量间的均衡稳定关系时，不论对称或非对称式，一般均采取以主体为中心的多种多样的展开式布局方法，按照组合体量的多寡，或简或繁，以达到平衡稳定的效果。

（四）成对式体型

这类体型在构图中较为少见，因此也是常被人忽视的一种，它和第一类体型的不同点在于它是成双的不是单一的，它和第二类体型的不同点在于它不是考虑需要组合的单元体而是具有独立完整性的建筑，它和第三种体型的不同点在于它是等高的相同体型的组合。这类建筑造型的特点是采取或分或合的等体结对形式。没有主副体之分，因而也没有主体中心，符合自然的对称、均衡、统一、协调、呼应的构图原则，重复而不枯燥，独立而不孤单，从而给人留下深刻的印象。

除了上面所说的几种体型外，还有其他类型，如平面单一但并不是等高的，而是形成阶梯形式的，或者平面较为复杂，但体型是等高处理的，这些类型处理比较简单，实践中也有较好的例子。

二、体型的转折和转角处理

体型的转折和转角，都是在特定的地形、位置条件下强调建筑整体性、完整性的处理方法，如在十字路口、丁字路口以及其他任意角度和数量的道路交叉口的转角地带，以及不同程度地形变化曲折的不规则地段，建筑也常相应地做转角或转折处理以保持和地形地段相协调，从而达到既充分利用地形、完整统一的目的，又使建筑形象化。顺着自然地形或折或曲的建筑转折体型实际上是矩形平面的一种简单变形和延伸，而且常常有可能保留有价值的树木、水池，具有适应性强的优点，以及使建筑造型具有自然大方、简洁流畅、统一完整的艺术效果，因此这种体型成为等高单一性体型中的重要组成部分，也是转角地段常见的重要处理方式之一。

在转角地段还有以主副体相结合的建筑体型处理方式和以局部升高的塔楼为重点的建筑体型处理方式。如果把等高的单一性转折体型称为整体式，那么后两种建筑体型就是组合体式。以主副体形式处理时常把建筑主体面临主要街道，一般在长度上或高度上均大于副体，而副体则起到陪衬作用而面临次要街道。这种由两三块体量组成的体型，主次分明、体型简洁，在公共建筑和居住建筑的转角布置中都是常见的，适合于道路主次分明的交叉口，一般常做不对称形式处理。以局部升高的塔楼为重点的转角处理，由于把建筑的中心移向转角处，使道路交叉口非常突出、醒目，而常形成建筑布局的"高潮"，塔楼不仅起着联系左右副体，而且常形成控制左右道路和广场的作用，是一般市中心、繁华街道，以及具有宽阔广场的交叉口处常常采取的主要建筑造型手法，以取得宏伟、壮观的城市面貌。此外，在街道两边布置对称的转角塔楼还常作为重要道路强调其入口的一种处理方式。

除了上述情况外，还有许多其他的转折和转角的处理方式，如不同形式的单元体可以组合成各种不同的转折和转角方式。在高低起伏变化的山地也有许多相应的特殊处理手法，在体型组合上也可能比上述体型更为复杂，应结合具体条件灵活处理。

三、体型之间的联系和交接

由不同大小、高低、形状、方向的体量组合成的建筑都存在着体型之间的联系和交接问题，虽然这是属于体型的细部处理，但它会直接影响建筑体型的完整性。

一般来说不同方向体型的交接以正交（90°）为宜，应尽量避免产生过小的锐角，因为产生锐角不论在房间功能使用上、室内外空间的观感上，以及施工操作上都会带来不利影响。如因地形关系造成锐角应尽可能加以适当修正，或者将锐角布置楼梯间、管井或辅助用房，留出较宽敞的使用空间。

此外在连接的方式上可以采取不同的处理，例如除了直接外，还可利用空廊等插入体作为过渡的连接，特别是在进深大，直接连接在内部容易造成许多暗角时，或由于体量形状不同直接连接会造成结构上的某些困难和造型上的生硬感觉时，常常采用。一般来说直接连接给人以联系紧密、整体性强的效果，而过渡连接给人以轻松通透的效果，并可以保持被连接体各自独立完整的建筑造型。

体型上的局部突起或升高，在立面上形成"凸"字形、"L"字形或阶梯形，造成面的不定型性和不完整性。一个完整的、干净利落的体量组合，不管如何复杂，都应该能被分解成若干独立完整的简单几何体。所谓组合就是互相重叠、镶嵌、穿插的关系，这样才能给人以体型分明、交接明确的感觉。

四、立面设计的空间性和整体性

建筑艺术是一种空间艺术，是立面设计师在符合功能使用和结构构造等要求的基础上对建筑空间造型的进一步美化。反映在立面的各种建筑部件上，诸如门窗、墙柱、雨篷、屋顶、檐口以及凹廊、阳台等是立面设计的主要依据和凭借因素。这些不同部件在立面上所反映的几何形线，它们之间的比例关系、进退凹凸关系、虚实明暗关系、光影变化关系以及不同材料的色泽质感关系等是立面设计的主要研究对象。一般在建筑立面造型设计中包括正面、背面和两个侧面。这是为了满足施工需要按正投影方法绘制的。但是实际上我们所看到的建筑都是透视效果，因此除了在建筑立面图上对造型进行仔细推敲外，还必须对实际的透视效果或模型加以研究和分析。例如各个立面在图纸上经常是分开绘制的，但透视上经常同时看到的是两个面或三个面。又如雨篷、阳台底部在立面图上反映一根线，而实际透视上经常可以看到雨篷或阳台的底面。而山地建筑，由于地形高差，提供的视角范围更是多种多样。在居高临下的俯视情况下，屋顶或屋面的艺术造型就显得十分重要。此外由于透视的遮挡效果和不同视点位置和视角关系，透视和立面上所表现的也有很大出入。因此，由于建筑艺术的空间性，要求在立面设计时，从空间概念和整体观念出发来考虑实际的透视效果，并且应该根据建筑物所处的位置、环境等方面的不同，把人们最经常看到的建筑物的视角范围作为立面设计的重点，按照实际存在的视点位置和视角来考虑各部分的立面处理。

不同方向相邻立面关系的处理是立面设计中一个比较重要的问题，如果不注意相邻立面的关系，即使各个立面单独来看可能较好，但联系起来看就不一定好，这在实践中是常见的。

对相邻面的处理方法一般常用统一或对比、联系或分割的处理手法。采用转角窗、转角阳台、转角遮阳板等就是使各个面取得联系的一种常用的方法，以便获得完整统一的效果。有时甚至可以把许多方面联系起来处理以达到非常完整、统一简洁的造型艺术效果。分割的方法比较简单，两个面在转角处做完善清晰的结束交代即可，并常以对比方法重点突出主立面。

五、立面虚实关系的处理

"虚"指的是立面上的空虚部分，如玻璃、门窗洞口、门廊、凹廊、空廊等，它们给人以不同程度的空透、开敞、轻盈的感觉；"实"指的是立面上的实体部分，如墙柱、屋面、栏板等，它们给人以不同程度的封闭、厚重、坚实的感觉。在自然光线的作用下，"虚"具有幽暗深邃的效果，"实"具有明亮突出的效果。

许多公共建筑恰当地安排整片玻璃窗，并通过玻璃看到内部，或者建筑底层或屋顶采取成排的柱廊布置，这些处理都给人以轻盈、开朗、深远的感觉。不少居住建筑由于利用了凹廊或楼梯间的整片花窗和其他敞开式布置，使实中有虚，大大改善了窗子较小以及实墙面多的笨重感觉。悬挑部分采取开敞式、漏空遮阳和整片玻璃等"虚"的处理就不会显得沉重。我国不少古代庭园建筑充分利用列柱、空廊、落地窗、漏花窗，使许多亭、榭、楼、阁轻快灵活，玲珑剔透。以虚为主或虚多实少的明朗轻快格调在国内外都得到了广泛采用，如巴西利亚总统府。

但以实为主或实多虚少的建筑处理在造型上也有其独特性质和用途，例如我国天安门城楼，之所以如此雄伟壮观，除了其他条件外，夸张的色彩、壮丽的城墙给人以坚实、雄厚的感觉也是一个重要因素。人民英雄纪念碑是利用石材的实体质感以取得庄重浑厚的肃穆效果。毛主席纪念堂除了粗壮的贴面石柱外，恰如其分地用了上部分的实体和宽厚的金色琉璃重檐，使整个建筑更显肃穆壮丽。

除了以虚为主和以实为主的处理外，还有虚实均匀布置、虚实成片集中布置、虚实交错布置，以强烈的虚实对比达到突出重点的效果，或按一定规律的连续重复的虚实布置造成某种节奏和韵律效果。

随着玻璃材料工业的发展，具有各种色彩和性能的玻璃使建筑"虚"的部分具有新的面貌，许多建筑采用隔热的蓝色、茶色吸热玻璃，使建筑增加了不少色彩，大片的镜面玻璃反映着周围环境时刻变幻的景色，更显得光怪陆离。但是更多的色彩还是靠实体墙面实现的。不少公共建筑和居住建筑恰当地利用了这个条件，非常注意实墙面的装饰色彩作用，使建筑艺术得到了充分的发挥。不论虚或实，都要结合恰当的比例、尺度以及其他构图原则，力求避免可能产生轻佻、单薄或笨重、呆板等不良效果。

六、立面凹凸关系的处理

立面上的凹进部分，如凹廊、凹进的门洞等，凸出部分如挑檐、雨篷、遮阳、阳台、凸窗以及其他突出部分等，大都是根据使用上、结构构造上的需要形成的。凹凸关系和虚实关系一样都是相对的，互为依存相辅相成的，立面上通过各种凹凸部分的处理，可以丰富立面轮廓，加强光影变化，组织节奏韵律，突出重点，增加装饰趣味等。大的凹凸变化犹如波涛汹涌，给人以强烈的起伏感；小的凹凸变化犹如微波荡漾给人以平静柔和的感觉，突然孤立的凸出或凹进，犹如平地惊雷、接天洪峰，给人触目惊心的感觉。

七、立面线条处理

在虚、实、凹、凸面上的交界，面的转折，不同色彩、材料的交接，在立面上自然地反映出许多线条来。对庞大的建筑物来说，所谓线条还泛指某些空间实体，如窗台线、雨篷线、阳台线、柱子线等。而对尺度较小的面，如小窗洞、挑出的梁头等，在立面上相对来说也不过是一个点而已。因此在某种意义上讲，整个建筑立面也就是这些具有空间实体的点、线、面的组合，而其中对线条的处理，诸如线条的粗、细、长、短、横、竖、曲、直、阴、阳，以及起、止、断、续、疏、密、刚、柔等对建筑性格的表达、韵律的组织、比例的权衡、联系和分隔的处理等均具有格外重要的影响。

粗犷有力的线条，使建筑显得庄重、豪放，如毛主席纪念堂宽阔的琉璃重檐，上檐厚度高达 2.9m，下檐为 2.2m，都大大超出了一般雨篷口的厚度，同时由于转角处的突起处理，不仅具有四角翘起的民族传统形式，而且有如我国书法中的起落顿笔，使线条变得更加强劲有力。福州火车站外露框架柱子也使得建筑显得十分壮丽挺拔，节奏铿锵。而纤细的线条使建筑显得轻巧秀丽。还有不少建筑采用粗细线条相结合的手法使立面富有变化、生动活泼。强调垂直线条给人以严肃、庄重的感觉，强调水平线条给人以轻快的感觉。由水平线条组成均匀的网格，富有图案感。在垂直、水平线条中穿插折线处理，使整个建筑更富有变化。

线条同时又是划分良好比例的重要手段。建筑立面上各部分的比例主要通过线条的联系和分隔反映出来。良好的比例是建筑美观的重要因素，但由于功能使用方面等原因，往往层高有高有低，窗子有大有小，如果不加适当处理，就可能产生立面零乱的效果，例如美国摄制中心大楼正立面窗子也有大有小，但通过设计者的精心处理，使大小窗子有一个统一规格，既方便施工又获得了良好的统一比例，同时顶层窗子上部过大的实墙面通过与窗间墙等比例的线条分划，既改善了实墙面间相差悬殊所产生的不协调的弊病，又使窗子的比例和窗间墙的比例趋于一致，从而使整个建筑获得了良好的比例。

第六章　工业建筑设计

第一节　工业建筑与工业建筑设计相关理论

一、工业建筑的概念

工业建筑，是指专供生产使用的建筑物、构筑物。其种类繁多，从重工业到轻工业，从小型到大型，从生产车间到设备设施，凡是从事工业生产的建筑物与构筑物均属于这一范畴。

工业建筑用地一般占总用地的 25%~30%，而在一些以工业为经济支柱的城市，因拥有一些大、中型企业，工厂用地比例甚至可达到 50% 以上。在城市的总体布局中，工业建筑区位布局、风向位置、环保处理措施、建筑形象等，对城市交通、环境质量、景观塑造及城市总体发展起着极为重要的作用和影响。

二、工业建筑的特点

（一）厂房的设计建造与生产工艺密切相关

每一种工业产品的生产都有一定的生产程序，即生产工艺流程。为了保证生产的顺利进行，保证产品质量和提高劳动生产率，厂房设计必须满足生产工艺要求，不同生产工艺的厂房有不同的特征。

（二）内部空间大

由于工业厂房中的生产设备多、体积大，各生产环节联系密切，还有多种起重和运输设备通行，所以需要厂房内部具有较大的开敞空间，且对结构要求较高。例如，有桥式吊车的厂房，室内净高一般均在 8 m 以上；厂房长度一般均在数十米，有些大型轧钢厂，其长度可达数百米甚至超过千米。

（三）厂房屋顶面积大，构造复杂

当厂房尺度较大时，为满足室内采光、通风的需要，屋顶上往往会开设天窗；为了屋面防水、排水的需要，还要设置屋面排水系统（天沟及落水管），这些设施使屋顶构造复杂。

（四）荷载大

工业厂房由于跨度大，屋顶自重就大，且一般都设置一台或更多起重量为数十吨的吊车，同时还要承受较大的振动荷载，因此多数工业厂房采用钢筋混凝土骨架承重。对于特别高大的厂房，或有重型吊车的厂房，或高温厂房，或地震烈度较高地区的厂房，需要采用钢骨架承重。

（五）需满足生产工艺的某些特殊要求

对于有特殊要求的厂房，为保证产品质量和产量，保护工人身体健康及生产安全，厂房在设计建造时就会采取技术措施来满足某些特定要求。如热加工厂房因产生大量余热及有害烟尘，需要足够的通风；精密仪器、生物制剂、制药等厂房，要求车间内空气保持一定的温度、湿度、洁净度；有的厂房还有防震、防辐射或电磁屏蔽的要求等。

三、工业建筑设计的特点

工业建筑既具有一般建筑的共性，又具有突出的个性，因此在设计上有着与民用建筑设计不同的特点。

（一）服务目的不同

一般来讲，民用建筑是以满足人们的生活、工作等需要为主要目的；而工业建筑是以满足生产需要、保证设备的安全及生产的顺利进行和人们在其内正常工作为主要目的。工业建筑作为直接服务于工业生产的建筑类型，顾名思义，它是人们进行集约化生产的场所。工业建筑既要满足生产中的场地、运输、库存等基本生产要求，同时还要兼顾人们在劳作中的环境舒适性。

（二）设计要求不同

工业建筑的功能设计主要是为了服务于生产活动，保证生产活动的顺利开展与进行。

一般来说，评价一个工业建筑项目是否成功的最基本标准就是必须能够保证其内部设备的正常运行。不同生产设备的使用功能和性能是不一样的，所以，工业建筑的设计工作一定要将设备的特点和功能作为最基础的依据。

（三）与民用建筑设计的程序不同

工业建筑设计与民用建筑设计最大的区别是工业建筑设计比民用建筑设计多了一道工艺设计。对于工业建筑来说，首先要由工艺设计人员对其进行工艺设计，然后提供生产工艺资料供设计师分析使用。

工业建筑的建筑形式和结构形式的选择，主要是由工艺、设备、生产操作及生产要求等诸多因素所决定的。建筑设计应与工艺设计多进行交流、配合，同时满足工艺和结构设计的基本要求。例如，在做选煤厂设计时，由于原材料为颗粒状，每道工序都是在由上到下的重力流动中逐渐进行的。因此，对选煤厂进行设计的关键是弄清生产线竖向流程，由该流程上标示的设备确定厂房平面、层高及建筑高度。选煤厂还有较多的设备及与其连接的各类输送管道，应由这些设备管道和工作人员的活动范围确定平面开间及跨度，根据设备的各阶段连接确定厂房的层高和高度。在整个平面、层高确定后，还要按工艺要求进行复核调整，直至达到工艺生产要求。

结构设计也要与工艺设计协调。厂房是为生产服务的，厂房设计中结构专业作为配套专业，首先应满足工艺要求，结构设计也必须服从于工艺条件。而现实中工艺布置经常与结构设计发生矛盾，例如要开洞的地方是框架梁，设备本来可以沿梁布置却布置在了跨中等。所以结构设计人员应多与工艺协调，尽量了解工艺布置为设计和施工减少不必要的麻烦。

（四）荷载作用不同

荷载计算是结构计算的条件，荷载取值的准确性直接关系到计算结果的准确性。工业建筑中的设备不仅要考虑静荷载，还要考虑动荷载影响，计算过程极其复杂，且基于生产工艺流程和相应配制的设备，以及生产操作、设备维护更新等实际要求，工业建筑的楼面荷载往往很大。如许多工业厂房的吊车梁上有吊车荷载，吊车荷载最大轮压超过 70 t，由两组移动的集中荷载组成，一组是移动的竖向垂直轮压，另一组是移动的横向水平制动力。吊车荷载具有冲击和振动作用，且是重复荷载，如果车间使用年限为 50 年，则在这期间重级工作制吊车荷载重复次数可达到 $(4\sim6)\times10^5$ 次，中级工作制吊车一般也可达 2×10^6 次，因此要考虑疲劳而引起的强度降低，进行疲劳强度验算。

另外，工业建筑由于每一层平面均不相同，平面漏空多，加上设备的分布，使得整栋楼的质量分布极不均匀，严重偏离。同时，由于开洞面积太大并常有楼层错层现象，导致楼板局部不连续，其侧向刚度也不规则，所以工业建筑不利于抗震，地震时容易产生扭转，在设计时要采取相应措施来克服这种不利影响。

（五）预留孔和预埋件较多

为了满足工艺要求，且需要安装大量的设备，工业建筑需要大量埋设预埋件（预埋螺栓），同时要设许多预留孔。各预留孔和预埋件（预埋螺栓）与轴线的几何关系以及空间（上下层间）几何关系非常复杂，而且相互间几何关系要求非常高，每层的标高和螺栓埋设位置要求非常精确，这就要求设计人员在结构施工图中详细标明预埋件（预埋螺栓）的大小规格及准确的定位尺寸。如果未在结构施工图中画出预埋件（预埋螺栓），就会造成预埋件（预埋螺栓）漏埋，现场补设预埋件（预埋螺栓）既费事又浪费，既增加业主的投资，又拖延施工进度。因此，结构设计人员在出图之前应认真设计、复核，在结构施工图中必须注明预埋件（预埋螺栓）的大小及定位尺寸，技术交底时，也必须向施工单位阐明这一点。一定要按照工艺和结构设计的基本要求来设计和选择相应的受力预埋件（预埋螺栓），所以建筑设计时需要与工艺专业多进行交流。

四、工业建筑的分类

（一）按层数分类

按层数不同，工业建筑一般分为单层厂房、多层厂房、层数混合厂房等。

1. 单层厂房

单层厂房是层数仅为1层的工业厂房，适用于大型机器设备或有重型起重运输设备的厂房。其特点是生产设备体积大、重量重，厂房内以水平运输为主。

2. 多层厂房

多层厂房是层数在2层以上的厂房，常用的为2~6层，适用于生产设备及产品较轻、可沿垂直方向组织生产和运输的厂房，如食品、电子精密仪器或服装工业等用厂房。其特点如下：

①生产在不同标高的楼层上进行。多层厂房的最大特点是每层之间不仅有水平的联系，还有垂直方向的联系。因此在厂房设计时，不仅要考虑同一楼层各工段间应有合理的联系，还必须解决好楼层之间的垂直联系，安排好垂直交通。

②节约用地。多层厂房具有占地面积少、节约用地的特点。例如建筑面积为 10000 m² 的单层厂房，它的占地面积就需要 10000 m²，若改为五层的多层厂房，其占地面积仅需要 2000 m²，相较于单层厂房更节约用地。

③节约投资。一是减少土建费用。由于多层厂房占地少，从而使地基的土石方工程量减少，屋面面积减少，相应地也减少了屋面天沟、雨水管及室外的排水工程等费用。二是缩短厂区道路和管网。多层厂房占地少，厂区面积也相应减少，厂区内的铁路、公路运输线及水电等各种工艺管线的长度缩短，可节约部分投资。

多层厂房柱网尺寸较小，通用性较差，不利于工艺改革和设备更新，当楼层上布置有震动较大的设备时，对结构及构造要求较高。

3. 层数混合厂房

同一厂房内既有单层也有多层的称为混合层数的厂房，多用于化学工业、热电站的主厂房等。其特点是能够适用于同一生产过程中不同工艺对空间的需求，经济实用。

（二）按用途分类

按用途不同，工业建筑一般分为主要生产厂房、辅助生产厂房、动力用厂房、库房、运输用房和其他用房等。

（1）主要生产厂房：在这类厂房中进行生产工艺流程的全部生产活动，一般包括从备料、加工到装配的全部过程。例如钢铁厂的烧结、焦化、炼铁、炼钢车间。

（2）辅助生产厂房：为主要生产厂房服务的厂房，例如机械修理车间、工具车间等。

（3）动力用厂房：为主要生产厂房提供能源的场所，例如发电站、锅炉房、煤气站等。

（4）库房：为生产提供存储原料（例如炉料、油料）、半成品、成品等的仓库。

（5）运输用房：为生产或管理用车辆提供存放与检修的房屋，例如汽车库、消防车库、电瓶车库等。

（6）其他用房，包括解决厂房给排水问题的水泵房、污水处理站，厂房配套生活设施等。

（三）按生产状况分类

按生产状况不同，工业建筑可分为冷加工车间、热加工车间、恒温恒湿车间、洁净车间、其他特种状况的车间等。

（1）冷加工车间，是指供常温状态下进行生产的厂房，例如机械加工车间、金工车间等。

（2）热加工车间，是指供高温和熔化状态下进行生产的厂房，可能散发大量余热、烟雾、灰尘、有害气体，例如铸工、锻工、热处理车间。

（3）恒温恒湿车间，是指在恒温（20℃左右）、恒湿（相对湿度为50%~60%）条件下生产的车间，例如精密机械车间或纺织车间等。

（4）洁净车间，是指在高度洁净的条件下进行生产的厂房，防止大气中灰尘及细菌对产品的污染，例如集成电路车间、精密仪器加工及装配车间等。

（5）其他特种状况的车间，是指生产过程中有爆炸可能性、有大量腐蚀物、有放射性散发物、有防微震或防电磁波干扰要求等情况的厂房。

五、工业建筑的设计要求

工业建筑设计过程是：建筑设计人员根据设计任务书和工艺设计人员提出的生产工艺设计资料和图纸，设计厂房的平面形状、柱网尺寸、剖面形式、建筑体形；合理选择结构方案和围护结构的类型，进行细部构造设计；协调建筑、结构、水、暖、电、气、通风等各工种。工业建筑设计应正确贯彻"坚固适用、经济合理、技术先进"的原则，并满足如下要求。

（一）满足生产工艺的要求

生产工艺是工业建筑设计的主要依据，建筑设计之前，应该先做工艺设计并提出工艺要求，工艺设计图是生产工艺设计的主要图纸，包括工艺流程图、设备布置图和管道布置图。生产工艺的要求就是该建筑使用功能上的要求，建筑设计在建筑面积、平面形状、柱距、跨度、剖面形式、厂房高度以及结构方案和构造措施等方面，必须满足生产工艺的要求。

（二）满足建筑技术的要求

（1）工业建筑的坚固性及耐久性应符合建筑的使用年限要求。建筑设计应为结构设计的经济合理性创造条件，使结构设计更利于满足安全性、适用性和耐久性的要求。

（2）建筑设计应使厂房具有较大的通用性和改建、扩建的可能性。

（3）应严格遵守《厂房建筑模数协调标准》（GB/T 50006—2010）及《建筑模数统一协调标准》（GB/T 50002—2013）的规定，合理选择厂房建筑设计参数（柱距、跨度、柱顶标高、多层厂房的层高等），以便采用标准的、通用的结构构件，尽量做到设计标准化、生产工厂化、施工机械化，从而提高厂房建造的工业化水平。

（三）满足建筑经济的要求

（1）在不影响卫生、防火及室内环境要求的条件下，将若干个车间（不一定是单跨车间）合并成联合厂房，对现代化连续生产极为有利。因为联合厂房占地较少，外墙面积也相应减小，还缩短了管网线路，使用灵活，能满足工艺更新的要求。

（2）应根据工艺要求、技术条件等，尽量采用多层厂房，以节省用地等。

（3）在满足生产要求的前提下设法缩小建筑体积，通过充分利用空间，合理减少结构面积，提高使用面积。

（4）在不影响厂房的坚固、耐久、生产操作、使用要求和施工速度的前提下，应尽量降低材料的消耗，从而减轻构件的自重和降低建筑造价。

（5）设计方案应采用先进的、配套的结构体系及工业化施工方法。但是，必须结合当地的材料供应情况，施工机具的规格、类型以及施工人员的技能考虑。

（四）满足卫生及安全的要求

（1）应有与厂房所需采光等级相适应的采光条件，以保证厂房内部工作面上的照度满足要求；应有与室内生产状况及气候条件相适应的通风措施。

（2）能排除生产余热、废气，提供正常的卫生、工作环境。

（3）对散发出的有害气体、有害辐射、严重噪声等，应采取净化、隔离以及消声、隔声等措施。

（4）美化室内外环境，注意厂房内部的水平绿化、垂直绿化及色彩处理。

（5）总平面设计时，应将有污染的厂房放在下风位。

六、工业建筑设计的形象与技术创新

（一）工业建筑设计的形象创新

虽然工业建筑最终的落脚点在于生产，但是工业建筑的形象创新不仅不会妨碍生产的进步，反而能够带动工业旅游的发展。现代企业大都时刻注意自己的企业形象，通过对工业建筑的形象创新，能够提升自身的企业形象，加强企业在民众心目中的印象，无形中节约了广告宣传费用，提高了企业自身的社会影响力。

工业建筑设计的形象创新应该积极响应节能减排、低碳环保等建设节能型环保型社会的潮流，在设计上，注意采用清洁生产的绿色建材，充分利用绿色植被进行形象设计。同时，将企业自身的企业文化、特色产品、商标等能够代表企业特色的东西符号化，运用到建筑设计的形象创新中。

（二）工业建筑设计的技术创新

工业建筑设计的技术创新，就是要实现结构创新、材质与表皮创新以及建筑设备的创新。满足空间要求，追求个性是实现结构创新的最根本要求。破碎、拼贴、变形、交叠、穿插、扭曲、悬挂等新兴建筑模式语言在建筑设计中的推广和应用，拓宽了设计师的设计思路，数字化的设计工具也使得设计师的结构创新更加容易实现。材质和表皮的创新突破了传统缺陷，日益走向多层化、图像化、符号化，节约了资源，优化了资源配置。建筑与设备的关系处理也是设计师重点设计的一环。通过设备的技术化处理，使呈现在人们面前的建筑和设备形象日趋完整、和谐。

第二节 单层与多层工业建筑

随着经济快速发展，以往以功能为主的总平面设计已经不能满足现代工业建筑的发展要求。因此，在设计中除了考虑留足建筑间距，保证房屋的日照、通风条件外，还要考虑对环境的要求及良好的服务功能，例如应配备漫步、休憩、晒太阳、遮阴、聊天等户外活动场所。特别是在厂前区和生活区，也与民用建筑一样要求进行绿化、美化，最终构建无污染、环境优美的园林化的工厂。

一、单层工业建筑

目前，我国单层工业厂房约占工业建筑总量的75%。单层厂房有利于沿地面水平方向组织生产工艺流程、布置大型设备，这些设备的荷载会直接传给地基，也有利于生产工艺的改革。

单层厂房按照跨数的多少又有单跨和多跨之分。多跨厂房在实际生产生活中采用得较多，其面积最多可达数万平方米，但也有特殊要求的车间会采用很大的单跨（36～100 m），例如飞机库、船坞等。

单层厂房有墙承重与骨架承重两种结构类型。只有当厂房的跨度、高度、吊车荷载较小时才用墙承重方案，当厂房的跨度、高度、吊车荷载较大时，多采用骨架承重结构体系。骨架承重结构体系由柱子、屋架或屋面大梁等承重构件组成，其结构体系可以分为钢架、排架及空间结构。其中以排架最为多见，因为其梁柱间为铰接，可以适应较大的吊车荷载。在骨架结构中，墙体一般不承重，只起围护或分隔空间的作用。我国单层厂房现多采用钢筋混凝土排架结构和钢排架。

骨架结构的厂房内部具有宽敞的空间，既有利于生产工艺及其设备的布置及工段的划分，也有利于生产工艺的更新和改善。

（一）排架结构

钢筋混凝土排架结构多采用预制装配的施工方法。结构构成主要由横向骨架、纵向连系杆以及支撑构件组成。横向骨架主要包括屋面大梁（或屋架）、柱子、柱基础。纵向构件包括屋面板、连系梁、吊车梁、基础梁等。此外，还有垂直和水平方向的支撑构件用以提高建筑的整体稳定性。

钢结构排架与预制装配式钢筋混凝土排架的组成基本相同。

（二）轻型门式刚架结构

轻型门式刚架结构近年来在钢结构建筑中应用广泛，它是用门式刚架作为主要承重结构，再配以零件、扣件、门窗等形成比较完善的建筑体系。它以等截面或变截面的焊接 H 型钢作为梁柱，以冷弯薄壁型钢作檩条、墙梁、墙柱，以彩钢板作屋面板及墙板，现场用螺栓或焊接拼接而成。

轻型门式刚架结构由工厂批量生产，在现场拼装形成，能有效地利用材料，其构件尺寸小、自重轻，抗震性能好，施工安装方便，建设周期短，能够形成大空间及大跨度。轻型门式刚架结构具有外表美观、适应性强、造价低、易维护等特点。

单层工业与民用房屋的钢结构中应用较多的为单跨、双跨或多跨的单双坡门式刚架，单跨刚架的跨度国内最大已达到 72 m。

1. 结构形式

门式刚架分为单跨、双跨、多跨以及带挑檐的和带毗屋的刚架形式，其中多跨刚架宜采用双坡或者单坡屋盖，必要时也可采用由多个双坡单跨相连的多跨刚架形式。

单层门式刚架轻型房屋既可采用隔热卷材做屋盖隔热和保温层，也可采用带隔热层的板材做屋面。

门式刚架的屋面坡度宜取 1/20～1/8，在雨水较多的地区宜取较大值。

2. 建筑尺寸

门式刚架的跨度，应取横向刚架柱轴线间的距离，宜为 9～36 m，以 3M（1M = 100mm）为模数。

门式刚架的高度，应取地面至柱轴线与斜梁轴线交点的高度，宜为 4.5～9 m，必要时可适当加大。

门式刚架的间距，即柱网轴线在纵向的距离宜为 4.5～12 m。

3. 结构、平面布置

门式刚架结构的纵向温度区段长度不大于 300 m，横向温度区段长度不大于 150 m。

4. 墙梁布置

门式刚架结构的侧墙，在采用压型钢板作维护面时，墙梁宜布置在刚架柱的外侧。

外墙在抗震设防烈度不高于 6 度的情况下，可采用砌体；当抗震烈度为 7 度、8 度时，不宜采用砌体，9 度时，宜采用与柱柔性连接的轻质墙板。

5. 支撑布置

柱间支撑的间距一般取 30～40 m，不大于 60 m。房屋高度较大时，柱间支撑要分层设置。

（三）单层厂房的平面设计

1. 生产工艺与厂房平面设计

厂房建筑的平面设计必须满足生产工艺的要求。生产工艺平面图设计主要包括以下内容：

一是根据生产的规模、性质、产品规格等确定生产工艺流程。

二是选择和布置生产设备和起重运输设备。

三是划分车间内部各生产工段及其所占面积。

四是初步拟订厂房的跨数、跨度和长度。

五是提出生产工艺对建筑设计的要求，如采光、通风、防震、防尘、防辐射等。

（1）按平面形式分类。单层厂房的平面形式主要有单跨矩形、多跨矩形、方形、L 形、Π形、山形等几种。

下面介绍常用的平面形式及其特点。

①矩形平面。矩形平面中最简单的是单跨，它是构成其他平面形式的基本单位。当生产规模较大，要求厂房面积较多时，常用多跨组合的平面，其组合方式应随工艺流程

而异。

平行多跨布置适用于直线式的生产工艺流程，即原料由厂房一端进入，产品由另一端运出。同时，它也适用于往复式的生产工艺流程。这种平面形式的优点是各工段之间靠得较紧，运输路线短捷，工艺联系紧密，工程管线较短；形式规整，占地面积少。如整个厂房柱顶及吊车轨顶标高相同，此时结构、构造简单，则造价省、施工快。

跨度相垂直布置适用于垂直式的生产工艺流程，即原料从厂房一端进入，经过加工最后到装配跨装配成成品或半成品出厂。跨度相垂直布置的优点是工艺流程紧凑，零部件至总装配的运输路线短捷。其缺点是在跨度垂交处结构、构造复杂，施工麻烦。

②L形、Π形和山形平面。生产特征也影响厂房的平面形式。例如，有些车间（如机械工业的铸铁、铸钢、锻工等车间）在生产过程中散发出大量的热量和烟尘。此时，在平面设计中应使厂房具有良好的自然通风，厂房不宜太宽，应形成L形、Π形和山形平面。

（2）按工艺流程分类。生产工艺流程一般以直线式、平行式、垂直式三种类型为主。

①直线式。原料由厂房一端进入，成品或半成品由另一端运出，厂房多为矩形平面，可以是单跨或多跨平行布置。其特点是厂房内部各工段间联系紧密，但运输线路和工程管线较长。这种平面简单规整，适合对保温要求不高或工艺流程不会改变的厂房，如线材轧钢车间。

②平行式。原料从厂房的一端进入，产品由同一端运出，与之相适应的是多跨并列的矩形或方形平面。其特点是工段联系紧密，运输线路和工程管线短捷，形状规整，节约用地，外墙面积较小，利于节约材料和保温隔热，适合于多种生产性质的厂房。

③垂直式。垂直式的特点是工艺流程紧凑，运输线路及工程管线较短，相适应的平面形式是L形平面，会出现垂直跨。

2. 单层厂房的柱网选择

在骨架结构的厂房中，柱子是主要的竖向承重构件，其在平面中排列所形成的网格称为柱网。柱子纵向定位轴线之间的距离称为跨度，横向定位轴线之间的距离称为柱距。柱网的设计就是根据生产工艺要求等因素确定跨度及柱距的。

柱网的选择除满足基本的生产工艺流程需求外，还需满足以下设计要求：

（1）满足生产工艺设备的要求；

（2）严格遵守《厂房建筑模数协调标准》（GB/T 50006—2010）；

（3）应调整和统一柱网；

（4）尽量选用扩大柱网；

《厂房建筑模数协调标准》（GB/T 50006—2010）要求厂房建筑的平面和竖向的基本

协调模数应取扩大模数 3M。当建筑跨度不大于 18 m 时，应采用扩大模数 30M 的尺寸系列，即取 9 m、12 m、15 m、18 m。当跨度大于 18 m 时，取扩大模数 60M，模数递增，即取 24 m、30 m 和 36 m。柱距应采用扩大模数 60M，即 6 m、12 m。

与民用建筑相同的是，适当扩大柱网可以有效提高工业建筑面积的利用率；有利于大型设备的布置及产品的运输；有利于提高工业建筑的通用性，适应生产工艺的变更及设备的更新；有利于提高吊车的服务范围；有利于减少建筑结构构件的数量，加快建设进度，提高效率。

（四）单层厂房的造型及内部空间设计

1. 单层厂房的造型设计

单层厂房造型和内部空间处理的恰当与否会直接影响人们的使用和心理感受。如何通过不同的处理手法，设计出既简洁明快，又能体现工业建筑特色的建筑造型，是设计人员面临的一大挑战。厂房的造型及内部空间的设计应综合考虑生产工艺、结构形式、基地环境、气候条件、生态环保、经济等条件因素的制约。

厂房的立面设计应与厂房的体型组合综合考虑，而厂房的工艺特点对厂房的形体有很大的影响。例如，轧钢、造纸等工业由于其生产工艺流程是直线式的，厂房多采用单跨或单跨并列的形式，厂房的形体呈线形水平构图的特征，立面往往采用竖向划分以求变化。厂房体型为长方形或长方形多跨组合，造型平稳，内部空间宽敞，立面设计在统一完整中又有变化，设计灵活。

结构形式及建筑材料对厂房造型也有直接影响。同样的生产工艺，可以采用不同的结构方案，其结构传力和屋顶形式在很大程度上决定着厂房的体型，如排架、刚架、拱形、壳体、折板、悬索等结构的厂房，都有着形态各异的建筑造型。

对厂房的形体组合和立面设计有一定影响的还包括基地环境和气候条件。例如在寒冷地区，由于防寒保温的要求，开窗面积一般较小，厂房的体型显得比较厚重；而在炎热地区，由于通风散热的要求，厂房的开窗面积较大，立面开敞，形体显得较为轻巧。

2. 单层厂房的内部空间设计

生产环境直接影响着生产者的身心健康，良好的室内环境对职工的生理和心理健康有良好的作用，对提高劳动生产效率十分重要。优良的室内环境除有良好的采光、通风外，还要室内布置井然有序，使人愉悦。

影响厂房室内空间设计的主要有以下因素：

（1）厂房的结构形式；

（2）生产设备的布置；

（3）管道组织；

（4）室内小品及绿化布置；

（5）宣传画及图表；

（6）室内的色彩处理。

（五）单层工业建筑屋顶形式与屋面排水方式

厂房屋面排水方式类似民用建筑，可分为有组织排水和无组织排水。厂房排水方式的选择应根据气候条件、生产方式、屋顶面积大小等综合考虑而定。

1．多脊双坡形式屋顶

多脊双坡形式屋顶坡度一般为 1/5～1/12。其优点是屋顶承重构件受力合理，材料消耗量少。但其缺点也是显而易见的，如水斗、水落管易被堵塞，天沟积水、屋面易渗漏，施工较困难，造价偏高等。

2．缓长坡形式屋顶

缓长坡形式屋顶在很大程度上避免了多脊双坡形式屋顶的缺点。其特点是减少天沟、水落管及地下排水管网的数量，减少投资和维修费，简化构造，并能保证生产的正常进行。正因为如此，它对某些生产有较大的适应性。如某彩色电视显像管厂主装车间将共宽126 m 的多跨厂房做成单脊双坡屋顶，既简化了构造，又减少了漏水的可能性。在有腐蚀性介质的生产厂房（如电解车间），采用缓长坡形式屋顶是最适宜的。

3．其他问题

在剖面设计中还应考虑保温与隔热问题。屋顶的保温和墙体的保温均对剖面有一定的影响，当室内各部分有不同的室温时，宜用隔墙分开。

在夏季炎热地区，如果厂房面积不大，屋盖和墙面都应考虑隔热措施。当屋顶面积大于墙面时，隔热重点应放在屋顶上，其主要措施是降低屋顶内表面温度，以减少对室内的辐射。

（六）单层工业建筑立面设计

单层工业建筑立面设计是工业建筑设计的组成部分之一。单层工业建筑的体型与其平面形状、生产工艺、结构形式，以及环保要求等因素密切相关。在设计中要根据工业建筑的功能要求、技术水平、经济条件，运用建筑艺术构图规律和处理手法，使工业建筑具有简洁、朴素、新颖、大方的外观形象，创造出内容与形式统一、代表企业形象的建筑外貌。

1. 立面设计

立面设计的影响因素有以下几点。

（1）使用功能的影响。工艺流程、生产状况和运输设备不仅影响着单层工业建筑的平面和剖面设计，也影响着它的立面设计。如轧钢、造纸等工业，由于其生产工艺流程是直线的，故多采用单跨或单跨并列体形。重型机械厂的铸工车间一般各跨的高宽均有不同，又有冲出屋面的化铁炉、露天跨的吊车栈桥、烘炉及烟囱等，体型组合较为复杂。

（2）结构形式的影响。结构形式对厂房体型也有着直接影响，同样的生产工艺，可以采用不同的结构方案。因而厂房结构形式，特别是屋顶承重结构形式在很大程度上决定着厂房的体型。

（3）气候环境的影响。环境和气候条件（如太阳辐射强度、室外空气的温度与湿度等）对厂房的体型组合也有一定的影响。例如在寒冷的北方地区，厂房要求防寒保暖，窗面积较小，体型一般显得稳重、集中，浑厚；而在炎热地区，要求通风散热，因此常采用窗数量较多，面积较大，体型开敞，狭长、轻巧的厂房。

2. 单层厂房立面处理的方法

（1）立面处理的几个方面。外墙在单层工业建筑外围护结构中所占的比例与厂房的性质，建筑采光等级，地区室外照度和地区气候条件有关，外墙的墙面大小，色彩与门窗的大小、比例，位置、组合形式等直接关系到工业建筑的立面效果。

厂房立面设计是在已有的体型基础上利用柱子、勒脚、门窗、墙面、线脚、雨篷等部件，结合建筑构图规律进行有机地组合与划分，使立面简洁大方、比例恰当，达到完整匀称、节奏自然、色调质感协调统一的效果。

门的处理：门是工业建筑的生产及运输通道，对它进行适当的美化加工，如加设门框、门斗、雨篷等，都可以突出门的位置而增强指示性，改善墙面的虚实关系，丰富立面的效果。

窗的组合：窗是为满足工业建筑的采光、通风功能而设。合理地进行门窗组合，可以有效地协调墙面的虚实关系，增强立面的艺术效果。

墙面划分：利用结构构件，线脚等手段，将墙面采用不同的方法进行划分，可获得不同的立面效果。

（2）墙面划分的方法。垂直划分：根据外墙结构特点，利用承重的柱子、壁柱、窗间墙、竖向条形组合的侧窗等构件构成垂直突出的竖向线条，有规律地重复分布，可改变单层工业建筑扁平的比例关系，使立面显得挺拔、高耸、有力。为使墙面整齐美观，门窗洞口和窗间墙的排列多以一个柱距为一个单元，在立面中重复使用，使整个墙面产生统一的韵律。

水平划分：在水平方向设整排的带形窗，利用通长的窗眉线或窗台线，将窗洞口上下的窗间墙连成水平条带；或利用檐口、勒脚等水平构件，组成水平条带；在开敞式墙的厂房中，采用挑出墙面的多层挡雨板，利用阴影的作用使水平线条的效果更加突出；也可采用不同材料、不同色彩的外墙作为水平的窗间墙，同样能使厂房立面显得明快、大方、平稳。水平划分的外形简洁舒展，很多厂房立面都采用这种做法。

混合划分：在实际工程中，立面的水平划分与垂直划分经常不是单独存在的，一般都是利用两者的有机结合，以其中一种划分为主，或两种划分混合运用，这样，既能相互衬托、混而不乱，又能取得生动和谐的效果。

二、多层工业建筑

多层厂房在机械、电子、电器、仪表、光学、轻工、纺织、仓储等轻工业行业中具有重要的作用。在信息时代，随着工业自动化程度的提高及计算机的普及，从节省用地的角度出发，多层工业厂房在整个工业建筑的比重越来越大。

（一）多层厂房基础

1. 多层厂房的特点

（1）生产在不同楼层进行，各层之间除了需要组织好水平联系外，还需要解决竖向层之间的生产关系。

（2）厂房的占地少，降低了基础的工程量，缩短了厂区道路、管线、围墙等的长度。

（3）屋顶面积较小，一般不需要开设天窗，因此屋顶构造相对简单，且有利于保温和隔热的处理。

（4）厂房结构一般为梁板柱承重，柱网尺寸较小，生产工艺的灵活性受到一定约束。同时，对较大的荷载、设备及其引起的震动的适应性较差，需要进行特殊的结构处理。

2. 适用范围

（1）生产工艺上需要进行垂直运输的，如面粉厂、造纸厂、啤酒厂、乳制品厂以及化工厂的某些生产车间。

（2）生产上要求在不同标高上进行操作的，如化工厂的大型蒸馏塔、碳化塔等。

（3）生产过程中对于生产环境有一定要求的，如仪表厂、电子厂、医药及食品企业等。

（4）工艺上虽无特殊要求，但设备及产品质量较小的。

（5）工艺上无特殊要求，但建设用地紧张的新建或改扩建的厂房。

3. 结构分类

多层厂房按照所用材料的不同分为混合结构、钢筋混凝土结构和钢结构。多层厂房的结构选型既要满足生产工艺的要求，还要考虑建造材料、当地的施工安装条件、构配件的生产能力以及场地的自然条件等。

（1）混合结构的取材及施工都比较方便，保温隔热性能较好，且经济适用，可满足楼板跨度在 4~6 m，层数在 4~5 层，层高为 5.4~6 m，楼面荷载较小且无振动的厂房要求。但当场地自然条件较差，有不均匀沉降时，应慎重选用。此外，地震多发区也不宜选用。

（2）钢筋混凝土结构是我国目前采用最为广泛的一种形式，其剖面较小、强度大，能够适应层数较多、荷载较大、跨度较大的需要。除此之外，多层厂房还可采用门式刚架组成的框架结构等。

（3）钢结构具有质量轻、强度高、施工速度快（一般认为可提高 1 倍左右速度）等优点，目前的主要趋势是采用轻钢结构和高强度钢材，可比普通钢结构节省 15%~20% 钢材，降低 15% 造价，减少 20% 左右用工。

（二）多层厂房的平面设计

1. 工艺流程的类型

生产工艺流程的布置是厂房平面设计的主要依据。按照生产工艺流向的不同，多层厂房的生产工艺流程的布置可归纳为自上而下式、自下而上式、上下往复式三种类型。

（1）自上而下式。自上而下式的特点是把原料先送至最高层后，按照生产工艺流程自上而下地逐步进行加工，最后的成品由底层输出。自上而下式可利用原料的自重使其下降以减少垂直运输设备，一些进行颗粒状或粉状材料加工的工厂常采用，如面粉加工厂、电池干法密闭调粉楼等。

（2）自下而上式。采用自下而上式，原料自底层按照生产流程逐层向上输送并被加工，最后在顶层加工成为成品，适用于手表厂、照相机厂或一些精密仪表厂等轻工业厂房。

（3）上下往复式。上下往复式是一种混合布置的方式，它能适应不同的情况要求，应用范围较广，如印刷厂等。

2. 平面设计的原则

应根据生产工艺流程、工段的组合、交通运输、采光通风及生产上的各类要求，经过综合探讨后决定其平面布置。由于各工段间生产性质、环境要求不同，组合时应将具有共性的工段作水平和垂直的集中分区布置。

多层厂房的平面布置形式一般有内廊式、统间式、大宽度式、混合式、套间式五种。

（1）内廊式。特点是两侧布置生产车间和办公、服务房间，中间为走廊。这种布置形式适用于各个工段面积不大，生产上既需要紧密联系，又不互相干扰的工段。各工段可按照工艺流程布置在各自的房间内，再用内廊联系起来。

（2）统间式。统间式中间只有承重柱，不设隔墙。这种布置形式对自动化流水线的操作较为有利。

（3）大宽度式。为了平面的布置更经济合理，可加大厂房宽度，形成大宽度式的平面形式。其垂直交通可根据生产需要，设置于中间或周边部位。

（4）混合式。混合式由内廊式与统间式混合布置而成，根据生产工艺的需要可采用同层混合或者分层混合的形式。它的优点是能够满足不同生产工艺流程的要求，灵活性较大。缺点是施工比较麻烦，结构类型较难统一，常易造成平面及剖面形式的复杂化，且对防震不利。

（5）套间式。通过一个房间进入另一个房间的布置形式称为套间式，这是为了满足生产工艺的要求，或为了保证高精度生产的正常进行而采用的组合形式。

（三）多层工业建筑电梯间和生活、辅助用房的布置

通常多层厂房的电梯间和主要楼梯布置在一起，组成交通枢纽。在具体设计中交通枢纽又常和生活、辅助用房组合在一起，这样既方便使用，又利于节约建筑空间。它们的具体位置布置是平面设计中的一个重要问题。多层厂房电梯间和生活、辅助用房的布置不仅与生产流程的组织直接有关，而且对建筑的平面布置、体型组合与立面处理以及防火、防震等要求均有影响，此外楼梯、电梯间的空间及平面布置对结构方案的选择及施工吊装方法的决定也有关系。

1. 布置原则及平面组合形式

楼梯、电梯间及生活、辅助用房的位置应选择在厂房合适的部位，使之方便运输，有利工作人员上下班的活动，其路线应该做到直接、通顺、短捷，要避免人流、货流的交叉。此外还要满足安全疏散及防火、卫生等有关规定。对生产上有特殊要求的厂房、生活及辅助用房的位置还要考虑这种特殊需要，并尽量为其创造有利条件。楼梯、电梯间的门

要直接通向走道，并应设有一定宽度的过厅或过道。过厅及过道的宽度应能满足楼面运输工具的外形尺寸及行驶时各项技术要求，不宜小于 3 m。主要楼梯，电梯间应结合厂房主要出入口统一考虑，位置要明显，要注意与建筑参数、柱网、层高、层数及结构形式等的相互配合，更应注意建筑空间组合和立面造型的要求。

常见的楼梯、电梯间与出入口关系的处理有两种方式。一种方式是人流和货流由统一出入口进出，楼梯与电梯的相对位置可有不同的布置方案，但不论组合方式如何，均要保证人流、货流同门进出，便捷通畅而互不相交；另一种方式是人流、货流分门进出，设置人行和货运两个出入口。这种组合方式易使人流、货流分流明确，互不交叉干扰，对生产上要求洁净的厂房尤其适用。

楼梯、电梯间及生活、辅助用房在多层厂房中的布置方式，有外贴在厂房周围、厂房内部、独立布置以及嵌入在厂房不同区段交接处等数种。这几种布置方式各有特点，使用时可结合实际需要，通过分析比较后加以选择。另外也可采用几种布置方式的混合形式，以适应不同需要。

2. 楼梯及电梯井道的组合

在多层厂房中，根据生产使用功能和结构单元布置上的需要，楼梯和电梯井道在建筑空间布置时通常都是采用组合在一起的布置方式。按电梯与楼梯相对位置的不同，常见的组合方式有：电梯和楼梯同侧布置；楼梯围绕电梯井道布置；电梯和楼梯分两侧布置。这些不同的组合方式，各有不同的特点。具体选择哪一种组合方式，应该结合厂房的实际情况，分析比较后决定。

3. 生活及辅助用房的内部布置

生活及辅助用房的内部布置与单层厂房的生活辅助用房一样，在多层厂房中除了生产所需的车间外，还需布置为工人服务的生活用房和为行政管理及某些生产辅助用的辅助用房。这些非生产性用房是使生产得以顺利进行的重要保证，对生产具有直接影响，是厂房不可缺少的组成部分。

生活辅助用房的组成内容、面积大小以及设备规格、数量等均应根据不同生产要求和使用特点，按照有关规定进行布置。对一般生产性质的多层厂房而言，生活辅助用房可按其使用时间和使用人数的多寡分为三类：第一类为在集中时间内使用人数众多的用房，如更衣室、盥洗室等；第二类为在分散时间内多数人使用的房间，如厕所、吸烟室等；第三类则为在分散时间使用、人数也不多的房间，如保健室、办公室、哺乳室等。在建筑空间组合时，这三类用房应分别考虑。应使第一类用房能在最大范围内获得使用上的保证，一般常布置在厂房出入口或垂直交通设施附近，可分层或集中布置。第二类用房则要满足其不同功能的服务范围，保证其使用上的方便，如果服务距离过长，还应增设这类服务用房。第三类用房则应结合使用特点，按具体情况灵活地进行布置。如保健站宜设在底层的端部，以利于人员的出入与减少和其他部分的相互干扰。妇女卫生室则应靠近女厕所、女盥洗室布置，以方便使用等。

对一些生产环境上有特殊要求的工业生产（如洁净、无菌等），其生活用房的组成不仅要满足一般的使用要求，还必须保证每个工作人员在进入生产工段前必须强行通过具有一定程度的人行路线，使每个工作人员（还包括加工物料、工具等）按照已设计的程序先后完成各项准备工作，然后才能进入生产车间。这时的生活辅助用房就应按照上述特殊要求进行具体的建筑空间组合。

第七章　其他建筑设计与防水材料应用

第一节　生态建筑仿生设计

一、建筑仿生设计的分类

建筑仿生设计一般可分为造型仿生设计、功能仿生设计、结构仿生设计、能源利用和材料仿生设计四种类型。造型仿生设计主要是模拟生物体的形状颜色等，是属于比较初级和感性的仿生设计。功能仿生设计要求将建筑的各种功能及功能的各个层面进行有机协调与组合，是较高级的仿生设计。这种设计要求我们在有限的空间内高效低耗地组织好各部分的关系以适应复合功能的需求，就像生物体无论其个体大小或进化等级高低，都有一套内在复杂机制维持其生命活动过程一样。结构仿生设计是模拟自然界中固有的形态结构，如生物体内部或局部的结构关系。结构仿生设计是发展得最为成熟且广泛运用的建筑仿生分支学科。目前已经利用现代技术创造了一系列崭新的仿生结构体系。例如，受竹子和苇草的中空圆筒形断面启发，引入了筒状壳体的运用，蜘蛛网的结构体系也被运用到索网结构中。结构仿生可以分为纤维结构仿生、壳体结构仿生、空间骨架仿生和模仿植物干茎的高层建筑结构仿生四种。能源利用和材料仿生设计是建筑仿生设计的新方向，由于生态建筑特别强调能源的有效利用和材料的可循环再生利用，因此其是建筑仿生设计未来的方向。

二、建筑仿生设计的原则

（一）整体优化原则

许多在仿生建筑设计上取得卓越成就的建筑师在设计中都非常强调整体性和内部的优化配置。巴克敏斯特·富勒集科学家、建筑师于一身，很早就提出："世界上存在能以最小结构提供最大强度的系统，整体表现大于部分之和。"他执着于少费多用的理念创造了许多高效经济的轻型结构。在他的思想指引下，福斯特和格雷姆肖通过优化资源配置成就了许多高科技建筑名作。

（二）适应性原则

适应性是生物对自然环境的积极共生策略，良好的适应性保证了生物在恶劣环境下的生存能力。北极熊为适应天寒地冻的极地气候，毛发浓密且中空，高效吸收有限的太阳辐射，并通过皮毛的空气间层有效阻隔了体表的热散失。仿造北极熊皮毛研制的"特隆布墙"被广泛地运用于寒冷地区的向阳房间，对提升室内温度有良好的效果。

（三）多功能原则

建筑被称为人的第三层皮肤，因此它的功能应当是多样的，除了被动保温，还要主动利用太阳能；冬季防寒保温，夏季则争取通风散热。生物气候缓冲层就是一种典型的多功能策略，指的是通过建筑群体之间的组合、建筑实体的组织和建筑内部各功能空间的分布，在建筑与周围生态环境之间建立一个缓冲区域，在一定程度上缓冲极端气候条件变化对室内的影响，起到微气候调节的作用。

三、建筑仿生设计的方法

（一）系统分析

在进行仿生构思时，首先要考虑自然环境和建筑环境之间的差别。自然界的生物体虽是启发建筑灵感的来源，却不能简单地照搬照抄，应当采用系统分析的方法来指导对灵感的进一步研究和落实。系统分析的方法来源于现代科学三大理论之一——系统论。系统论有三个观点：一是系统观点，就是有机整体性原则；二是动态观点，认为生命是自组织开放系统；三是组织等级观点，认为事物间存在着不同的等级和层次，各自的组织能力不同。元素、结构和层次是系统论的三要素。采用系统分析的方法不仅有助于我们对生物体本身特性的认识与把握，同时使我们从建筑和生物纷繁多变的形态下抓住其共同的本质特征，以及结构的、功能的、造型的共通之处。

（二）类比类推

类比方法是基于形式、力学和功能相似基础上的一种认识方法，利用类比不仅可在有联系的同族有机体中得出它们的相似之处，也可从完全不同的系统中发现它们具有形式构成的相似之处。可以将一幢普通的建筑看成生命体，其有着内在的循环系统和神经系统。

运用类比方法可得出人类建造活动与生物有机体间的相似性原理。

（三）模型试验

模型试验是在对仿生设计有一定定性了解的基础上，通过定量的实验手段将理论与实践相结合的方式。建立行之有效的仿生模型，可以帮助我们进一步了解生物的结构，并且在综合建筑与生物界某些共同规律的基础上，开发出新的创作思维模式。

四、生态造型仿生设计

在大自然中有许多美的形态，如色彩、肌理、结构、形状、系统，不仅给我们视觉的享受，还有来自大自然的形态模仿给予我们的启发。建筑师们对自然景观形态的认识，不断丰富着建筑的艺术造型，因为住房环境需求在不断地提升和变化，建筑造型的要求也在不断增加，对自然界的美丽形态进行观察和利用，大自然拥有建筑造型取之不竭的资源，使我们的生活和大自然之间的联系更加紧密。

（一）仿生建筑的艺术造型原理

有一些鸟使用草和土来建造鸟巢的方式和很多民族建筑的风格相似。建筑学家盖西认为，造型形态体现的方式就是聚合、连接、流动性、对称、透明、凹陷、中心性、重复、覆盖、辐射、附加、分开和曲线等。

1. 流动性

这是动态的曲线与自然界之间的密切联系。例如，动物在进行筑巢的时候，更加倾向于曲线的外形。这就体现出动物出于本能将其内部的空间和其活动与生活习性之间的结合。这种运动和空间之间的联系，就注定了不同物种在构建隐身的地方时有丰富的曲线，就像日本的京都音乐厅，由曲线来制作玻璃幕墙，可以说是曲线建筑的代表之作。

2. 放射性

这就和辐射感类似，由中心圆辐射不完整的线条。例如，叶脉和植物中叶片的线条、鸟类的尾部和双翼、孔雀展开的屏，在很大程度上都对建筑组合和建筑装饰造成了影响。美国的克莱斯勒大厦屋顶的装饰就是运用了辐射建筑的装饰方式，美的广泛性原则，就是能够体现出建筑形态和自然形态的相似性，能够对建筑物模仿生物艺术造型的必要性进行充分体现。

3. 循环普通的规律和原理

例如，贝壳导致美学遐想，主要是由于贝壳美丽的外形。一个建筑物的设计，不管是其形式美，还是功能建筑，都与自然界许多生物相似。在自然界当中很多物种为了能够生存下去就需要对自身的美进行展示，展示其形态和绚丽色彩。因此，能够辩证地认为"真"和"美"的关系就是"功能和形态"的关系。在建筑进行仿生设计的时候，功能和形态结构也有着相似的关联，生物体当中的支撑结构功能和建筑物当中的支撑部分功能是一致的。一般的支撑结构需要符合美学功能相同的需求，只有使用合理，拥有正常的生态功能，仿生建筑结构的美感才可以得到真正地体现，实现"真"和"美"的和谐。

随着社会迅速发展，越来越多的人整天奔走于繁忙的工作中，人们面临巨大的生活与工作压力，渴望山川，渴望河流，渴望与大自然的亲密接触，所以仿生建筑应运而生，并迅速获得了人们的欢迎。仿生建筑的造型设计来源于自然与生活，通过对自然界中各种生物的形态特性等进行研究，在考虑相应自然规律的基础上进行设计创新，进而使得整个仿生建筑与周围环境能够实现很好的融合，在保证仿生建筑相应性能的同时，还能满足人们对于自然的追求与向往。

(二) 仿生建筑造型设计的类型

1. 形态仿生的建筑造型设计

所谓形态仿生指的是从各种生物的形态方面，大到生物的整体，小到生物的一个器官、细胞乃至基因来进行生物的形态模拟。这种形态仿生的建筑造型设计是最基本的仿生建筑造型设计方法，也是最常见、最简便的仿生建筑造型设计方法。这种形态仿生的造型设计有很多的优点，一方面，由于设计外形取材于生物，所以能够很好地与周围的环境融为一体，成为周围环境的一种点缀，弥补水泥建筑的不足，而且某些形态设计能很好地反映出建筑的功能，给人一种舒适感。另一方面，建筑设计仿造当地特有的植物或者动物形态，对当地的环境人文特色等有很好的宣传作用，能够让人从建筑中感受到这个地方的自然之美与神秘感，继而带动当地旅游等产业的发展。

2. 结构仿生的建筑造型设计

所谓结构仿生既包括通常所提到的力学结构，还包括通过观察生物体整体或者部分结构组织方式，找到与建筑构造相似的地方，进而在建筑设计中借鉴使用。生物体的构造是大自然的奇迹，其中蕴含着许多人类想象不到的完美设计，通过借鉴生物体自身组织构造的一些特点，可以解决我们在建筑造型设计中无法克服的难题，实现更好的设计效果，更好地保障建筑的性能。

3. 概念仿生的建筑造型设计

概念仿生的建筑造型设计就是一种抽象化仿生造型设计，这种设计方法主要是通过研究生物的某些特性来获得内在的深层次的原因，然后对这些原因进行归纳总结，上升为抽象的理论，最后将其与建筑设计相结合，成为建筑造型设计的指导理论。

（三）仿生建筑造型设计的原则

1. 融合性原则

所谓的融合性原则，指的是建筑的造型设计要与周围的环境相互融合，不能使整个建筑与周围的环境相差太大、格格不入。就像生物也要与环境相融合一样，借鉴生物外形、特性等设计的建筑造型，一定要与周边的环境相互融合、相互映衬，才能保证建筑存在的自然性，就像建筑本就是环境中自然存在一般，给人和谐统一的感觉，而不是像在原始森林中见到高楼大厦的那种惊恐感。有很多建筑都很好地体现了这种融合性的原则，使得建筑的存在浑然天成。

2. 自然美观原则

仿生建筑的造型设计无论怎样追求创新，最终目的都是设计出自然的、美观的、给人带来舒适感的建筑。首先，仿生建筑的造型设计取材于大自然的各种生物形态等，具备自然的特性是必需的。其次，美观也是建筑造型设计所必须具备的，谁也不喜欢丑陋的建筑造型，美观的建筑造型设计可以给人心灵上的愉悦感，使人心情舒畅。

（四）仿生建筑的艺术造型方式

对仿生进行字面上的分析就是对生物界规律进行模仿，所以仿生建筑艺术造型的方式应该来源于形态缤纷的大自然。我们认识了奇妙的自然以后，通过总结和归纳，把经验使用在建筑的设计上，仿生建筑艺术的造型方式能够定义成形象的再现（具象的仿生）以及形态的重新创新（抽象的转变）两种形态。

1. 形象的再现

具象的模仿属于形象的再现，这其实就是对自然界一种简单的抄袭，我们对自然形态进行简单的加工和设计以后使用在建筑的造型上，就会有一种很亲切的形象感觉，这是由于形态很自然。将仿生建筑的具象模仿由两个角度来进行定义，分成建筑装饰模仿以及建筑整体造型的模仿。

在希腊、古埃及与罗马建筑的柱式当中，特别是在柱头上面，就运用有仿生装饰造型，如草叶和涡圈。建筑装饰的仿生在很久以前还有避祸、祈福以及驱鬼的含义。在目前的建筑设计当中，使用仿生艺术装饰的办法有许多。

2. 对形态进行重新创新

对形态进行重新创新，就是由抽象的变化，经过自然界的形态加工形成的，但这只不过是通过艺术抽象的转变，并且将其使用在建筑造型的设计当中，和具象模仿的方式进行比较，经过抽象的变换，得到的建筑造型特色以及韵味就会更强，这也是常见的使用仿生方式的一种。与此同时，应该要求建筑设计者审美、创新和综合能力具有比较高的水平，能够对自然形态合理地进行艺术抽象处理，成为独具特色的有机建筑造型。对自然和建筑的和谐进行追求，自然形态和建筑艺术造型相融合。建筑大师高迪是一位抽象表现主义的杰出代表，在巴塞罗那神圣家族的教堂创作当中，高迪使用自己独特的设计语言，对哥特式传统符号的形象进行了诠释。

仿生形态具有非常丰富的语言，在自然界当中有很多形态结构使仿生设计拥有独特性，这种独特性对设计的形式语言进行了丰富，无形、有形的规律使得建筑的设计语言更加独特和丰富。通过上面的论述，我们知道仿生设计在景观设计当中运用的前景是非常广泛的，仿生设计元素在景观设计当中广泛运用使景观艺术更加丰富，能促进景观设计的可持续发展。大自然是人类最好的导师，在景观的设计当中应该尊重生态原则、遵循生命规律，把科学自然合理的、最经济的效果使用在景观的设计当中，这是对人类艺术和技术不断的融合和创造，也是我们对城市、自然和谐共处美好的向往。

（五）仿生建筑造型设计的发展方向

1. 符合自然规律

仿生建筑的造型设计是从自然界的生物中获得灵感，来进行造型创新。但在对仿生建筑进行造型设计时，并不是随心所欲的，一定要符合相应的自然规律。很多仿生建筑的造型设计新颖美观，但违背了自然规律，使得相应的建筑在安全性能上存在重大问题，严重影响了建筑的整体。现在仿生建筑的造型设计大多停留在图纸上，投入实践的为数不多，经验积累也不够。因此未来的仿生建筑的造型设计一定要积极地观察相应的自然规律，然后进行图纸设计与施工，使建成的仿生建筑在符合自然规律的前提下实现创新。

2. 符合地域特征

建筑是固定于某个地方的，是不能随意移动的。各地的自然、地理、文化、经济等条件等都各不相同，各有自己的特征，因此在仿生建筑的造型设计上自然也要有所区别，只有使仿生建筑的造型设计体现当地的自然、文化等特征，才能与当地的环境更好地相互融合。就像传统的建筑造型设计一样，老北京的四合院、陕西的窑洞等，不断兴起的仿生建筑也要有自己独特的符合地域特征的造型设计，使得整个设计在满足当地地理人文的同时，又可以对当地有很好的宣传作用，成为区域的象征。

3. 要与环境相和谐

在进行仿生建筑的造型设计时，一定要观察考虑周边的环境特征，使整个造型设计与周边的环境能够实现很好的统一，这也是仿生建筑造型设计融合性原则的要求。要想使整个建筑不突兀，就必须重视建筑周边的自然环境，更何况是仿生建筑。仿生建筑要想更好地发展，就必然使其造型设计朝着与环境相和谐统一的方向不断发展创新。

仿生建筑是未来建筑行业重点发展的方向，我们在经济发展的同时，越来越关注自然与环境的发展。因此积极地做好仿生建筑造型设计的发展创新十分重要。在仿生建筑的造型设计上坚持整体优化、相互融合、自然美观等原则，从观察大自然的过程中不断完成仿生建筑造型设计的形态仿生、结构仿生、概念仿生，使得仿生建筑的造型设计取材于自然，又与自然很好地融合在一起，实现仿生建筑基本性能的同时，与自然环境和谐统一。

五、生态结构仿生设计

（一）结构仿生的概念

结构仿生（Bionic Structure）是通过研究生物机体的构造，建造类似生物体或其中一部分的机械装置，通过结构相似实现功能相近。结构仿生中分为蜂巢结构、肌理结构、减粘降阻结构和骨架结构四种类型。

而本节研究的结构仿生建筑则是以生物界某些生物体功能组织和形象构成规律为蓝本，寻找自然界中存在许久的、科学合理的建筑模式，并将这些研究结果运用到人类社会中，确保在建筑体态结构以及建筑功能布局合理的基础上，做到美观实用。

（二）建筑结构设计中仿生方法应用现状

1. 建筑外观仿生

建筑外观形态仿生历史悠久、原理简单。公元前 250 年的埃及卡夫拉金字塔旁的狮身人面雕像可谓仿生外观的雏形。随着社会生产力的进步，外观仿生在建筑设计中应用得越来越多。17 世纪 80 年代，在哥本哈根，"我们的救世主"教堂尖顶的外形模仿了螺旋状的贝壳；1967 年，英国圣公会国际学生俱乐部的螺旋形附楼采用的楼梯，恰似 DNA 分子的螺旋状结构。而今，外观仿生方法在世界各地的建筑中均有应用，国家体育场"鸟巢"是从表达体育场的本原状态出发，通过分析和提炼，采用外观仿生方法得到的艺术性结果。其之所以得名"鸟巢"是因为它的外观模仿了鸟类的巢穴，鸟类的巢一般都是用干草、干树枝等搭建而成，取材于自然，不经加工，干草、树枝的尺寸大小各异、参差不齐，而"鸟巢"正是采用的异型钢结构，其中各个杆件的外形尺寸均不相同，当然这也给设计和施工带来了许多困难，制造和施工工艺要求极高，但不可否认的是，"鸟巢"不仅为奥运会开闭幕式、田径比赛等提供了场地，后奥运时代也成为北京体育娱乐活动的大型专业场所。

外观仿生是设计师通过对自然的观察，在模拟自然外部形态的基础上进行建筑创作。外观仿生方法主要得益于自然的美学形态，自然界的美我们只领略了一部分，之后，将会有更多模拟自然外形的优秀建筑落成。

2．建筑材料仿生

所谓建筑材料仿生，是人类受生物启发，在研究生物特性的基础上开发出适应需求的建材。早在北宋年间，我国第一座跨海大桥——泉州洛阳桥（万安桥）建造时，工匠们在桥下养殖牡蛎，巧用"蛎房"连接桥墩和桥基中的条石，这在世界桥梁史中是首例，也是建筑材料仿生的先驱。在当代建筑材料研发中，许多灵感都源自生物界。蜜蜂建造的蜂巢，属于薄壁轻质结构，强度较高，这正是建筑材料研发希望达到的效果，蜂窝板就是在研究蜂巢特点的基础上出现的。蜂窝板为正六边形，是一种耗材少而组织结构稳定的板材，由此衍生出的石材蜂窝板，将蜂窝结构和石材配合使用，达到传统石材板同等强度只需耗用一半的石材原料。受蜂巢启发，还研制出了加气混凝土、泡沫混凝土、微孔砖、微孔空心砖等新型建材，这些材料不仅质轻，还具有隔音、保温、抗渗、环保等诸多优点。材料仿生除了使建筑材料具备更强的基本功能外，还能够实现或部分实现动物的功能，例如骨的自我修复功能，骨折后，骨折端血肿逐渐演进成纤维组织，使骨折端初步连接形成骨痂、最终完成骨折处自我修复。人们从骨的自我修复功能中得到启示，已经研究出混凝土裂缝修复技术。还有学者提出了智能混凝土的概念，所谓智能混凝土是在混凝土原有组分基础上复合智能型组分，使混凝土成为具有自我感知和记忆、自适应、自修复特性的多功能材料。

3．建筑结构仿生

建筑结构仿生，是在研究生物体结构构造的基础上，优化建筑物的力学性能和结构体系。

4．建筑功能仿生

建筑功能仿生是学习借鉴自然界生物所具有的生命结构、生命活动以及对环境的适应性等方面的优良特性来改善建筑功能设计的方法。建筑功能仿生方法应用实例不胜枚举，如双层幕墙作为建筑物的外表模拟皮肤的"保护、呼吸"等功能；城市中的给排水系统模拟生物体的体液循环系统。受生态系统的启发，设计师根据建筑物所在地的自然生态环境，通过生态学原理、建筑技术手段合理组织建筑物与其他因素之间的关系，使人、建筑与自然生态环境之间形成一个良性循环系统，此即为生态建筑。

（三）大跨度建筑结构设计特点

所谓大跨度建筑，就是横向跨越 60m 以上空间的各类结构形式的建筑。这种结构多用于影剧院、体育馆、博物馆、跨江河大桥、航空候机大厅及生活中其他大型公共建筑，工业建筑中的大跨度厂房、汽车装配车间和大型仓库等。大跨度建筑又分为悬索结构、折板结构、网架结构、充气结构、膨胀张力结构、壳体结构等。

如今，大跨度建筑除了用于方便日常生活外，更多作用是作为是一个地方的地标性建筑。这就需要在建筑结构上要能展现本地的特色，但又不能过分追求标新立异。大跨度建筑因为建筑面值过大，耗时较长，除了对结构技术有更高的要求外，也需要设计师对建筑造型的优劣做出准确的定位。

由此，我们不难看出仿生结构在大跨度建筑设计中具有优势。国内外无数的成功案例表明，仿生结构模式在大跨度建筑设计中还有很大的发展空间。要充分利用这一优势，将越来越多的结构仿生运用到大跨度建筑当中去，将艺术与生活结合在一起，设计出更多兼具审美与实用功能的建筑物。虽然结构仿生建筑设计方面的研究颇多，但是结构仿生建筑设计的系统仍然不够完善。并且生物界与人类社会还是存在一定的差距，有很多的仿生结构虽然很理想，可是真正应用到人类社会中还是存在诸多不利因素。随着科学与社会的不断进步，人类与自然生物不断接触和探索，结构仿生在大跨度建筑设计中一定会有更为广阔的发展空间与发展前景。

（四）在大跨度的建筑设计中结构仿生的表征

1. 形态设计

结构仿生有着多样性、高效性、创新性等特点，能够满足建筑形态对于设计的要求，是形态进行设计的一个选择。例如，里昂的机场和火车站就属于此类。各种建筑构件和生物原型有着一定的相似性，并且通过材料与形态的变化，起到引导人群的作用，把旅行变成了一种令人难忘的体验。

2. 结构设计

因为大跨度的建筑设计跨度比较大，空间的形态较为多变，通常需要使用许多结构形式，因此，结构设计在大型公共建筑设计中属于重要的部分，其在很大程度上决定了建筑设计的效果。对于大自然的结构形态进行研究，是满足建筑结构设计的有效途径。将微生物、动植物、人类自身作为原型，能够对于系统结构性质进行分析，借鉴多种不同的材料组合以及界面的变化，使用结构仿生的原理，对于建筑工程结构支撑件做仿生方面的设计，能够对于功能、结构、材料进行优化配置，可以有效地提高建筑施工结构的效率，降低工程施工的成本，对于大跨度建筑有着十分重要的作用。

3. 节能设计

结构仿生方法指的是通过模拟不同生物体控制能量输出输入的手段，对于建筑能量状况进行有效的控制。和生物类似，建筑可以有效适应环境，顺应环境自身的生态系统，起到节能减耗的效果。充分开发并且利用自身环境中的自然资源，例如风能、地热能、太阳能、生物能等，形成有效的自然系统，获得通风、供热、制冷、照明，在最大限度上减少人工的设施。使其具备自我调节、自我诊断、自我保护或维护、自我修复、形状确定、自动开关等功能。与此类似，建筑也能够有生命体的调整、感知、控制的功能，精确适应建筑结构外界环境与内部状态的变化。建筑应该有反馈功能、信息积累功能、信息识别功能、响应性、预见性、自我维修功能、自我诊断功能、自动适应以及自动动态平衡功能等，有效进行自我调节，主动适应环境的变化，起到节能减耗的效果。

（五）结构仿生在大跨度建筑设计中的设计手段

1. 图纸表达

（1）构思草图。建筑师进行建筑设计创作的时候，大多是从草图构思开始，构思草图指的是建筑师受到创作意念的驱动作用，将平日知识和经验积累进行相互的结合，把复杂关系不断抽象化，简约成为有关的建筑知识。草图构思指的是建筑师需要脑眼手相互协作，是建筑师集中体现创新的形式，因为仿生建筑的形体比较灵活，在开始构思草图中起着十分重要的作用。

（2）设计图纸。设计图纸指的是建筑师用来表达设计效果的一个常规工具，但在其中，也存在着一些比较有创意的手法，用来表现有效的设计思想。和以往的表达方法不同，现代表现方法中使用到的透视图或者轴测图一般是和实体连接方式、大量的空间以及构造、结构、设备的分析图一起使用的。

2. 模型研究

模型设计在方案构思阶段属于不可缺少的一项工具，它自身的直观性、真实性和可体验性能够有效弥补在三维表达上图示语言存在的不足。模型研究对于建筑结构的形态以及各个细部处理有着十分重要的作用，模型能够给人们带来十分直观的体验，从各个视角去感受设计的空间、设计的体量和设计的形态，能够帮助人们比较全面地进行设计评估，避免设计存在的不确定性。与此同时，模型有着到位的细节设计和准确的形态比例关系，能够方便和客户进行交流沟通。

3. 计算机模拟

现今，以计算机为核心的信息技术在很大程度上增加了建筑师的创造能力，并且推动了计算机的图形学技术发展，人们能够在计算机模拟的虚拟环境内有效地落实头脑中所呈现的建造活动，这属于虚拟建造，动态的、逼真的模拟真实的情境，是计算机模拟的优势。

在建筑中，仿生手段有着悠久的发展历史，但是仿生建筑的概念提出的时间却不长。在建筑仿生学中，结构仿生属于一个主要的研究内容，并且在大跨度的建筑中得到了有效的应用，取得了一定的进展。与此同时，也不可避免地产生了一些问题，参考在以往建筑发展中出现的教训经验，相关人员在面临建筑结构仿生的应用时，需要进行理性的准确的评判，只有通过这种方式，才可以使结构仿生更好地被使用在建筑中，才能够更好地促进建筑行业的发展。

（六）结构仿生方法的应用

现阶段，结构仿生应用主要体现在三个方面，包含仿生材料的研究、仿生结构的设计以及仿生系统的开发。

1. 仿生材料的研究

仿生材料的研究在结构仿生中属于一个重要的分支，指的是从微观的角度对于生物材料自身的结构特点、构造存在的关系进行研究，从而研发出相似的或者优于生物材料的办法。仿生材料的研究可以给人们提供具有生物材料自身优秀性质的材料。因为在建筑领域，对于材料的强度、密度、刚度等方面有着比较高的要求，而仿生材料满足了这种要求，因此，仿生材料的研究成果在建筑领域也得到了广泛应用。现今，加气混凝土、泡沫塑料、泡沫混凝土、泡沫玻璃、泡沫橡胶等内部有气泡的呈现蜂窝状的建筑材料已经在建筑领域大量使用，不仅使建筑结构变得更加简单美观，还能够起到很好的保温隔热效果，并且成本比较低，有利于推广应用。

2. 仿生结构的设计

仿生结构的设计指的是将生物和其栖居物作为研究原型，通过对于结构体系进行有效的分析，给设计结构提供一个合理的外形参照。通过分析具体的结构性质，把其应用在建筑施工设计中，可以提出合理并且多样的建筑结构形式。建筑对于结构有着各种不同的要求，例如建筑跨度、建筑强度、建筑形态等。仿生结构自身具有结构受力性能较好、形态多样并且美观等特点，因此，在建筑领域得到了广泛的应用。在大跨度的建筑中，使用的网壳结构、拱结构、充气结构、索膜结构等，都属于仿生结构设计的良好示范。

3. 仿生系统的开发

仿生系统的开发是把生物系统作为原型，对于原型系统内部不同因素的组合规律进行研究，在理论的帮助下，开发各种不同的人造系统。仿生系统开发的重点在于如何处理好各个子系统与各个因素间的关系，使其可以并行，并且能够相互促进。建筑属于高度集成的系统。伴随建筑行业的不断发展，生态建筑将不断兴起，在建筑中涵盖的子系统越来越多，例如能耗控制系统等，系统的集成度也会越来越高。仿生系统有着良好的整合优势，因此，其在建筑领域的使用前景十分广阔。

第二节　高层建筑及其结构设计

一、高层建筑的含义

高层建筑是相对于多层建筑而言的，通常是以建筑高度和层数作为两个主要指标来划分的。1972 年召开的国际建筑会议建议，将 9 层及 9 层以上的建筑定义为高层建筑，并按建筑的高度和层数划分为四类，即第一类为 9~16 层，高度不超过 50m；第二类为 17~25 层，高度不超过 75m；第三类为 26~40 层，高度不超过 100m；第四类为 40 层以上，高度为 100m 以上，又称为超高层建筑。

不同的国家或地区根据其具体情况，综合考虑经济条件、建筑技术、电梯设备、消防装置、建筑类别等因素又有各自的规定。如美国规定高度为 22~25m 以上或 7 层以上的建筑为高层建筑；英国规定高度为 24.3m 以上的建筑为高层建筑；日本规定 11 层以上或高度超过 31m 的建筑为高层建筑。

《高层建筑混凝土结构技术规程》（SJG98—2021）规定，10 层及 10 层以上或房屋高度大于 28m 的住宅建筑和房屋高度大于 24m 的其他民用建筑为高层建筑。

高层建筑房屋高度是指自建筑物室外地面至房屋主要屋面的高度，不包括突出屋面的电梯机房、水箱、构架等的高度。《建筑设计防火规范》（GB50016—2014）规定，建筑高度大于 27m 的住宅建筑和建筑高度大于 24m 的非单层厂房、仓库和其他民用建筑为高层建筑。世界上许多国家将高度超过 100m 或层数在 30 层以上的高层建筑称为超高层建筑。

二、高层建筑结构设计的特点

(一)减轻自重

高层建筑减轻自重比多层建筑更有意义。从地基承载力角度考虑，如果在同样地基情况下，减轻房屋自重意味着不增加基础造价和处理措施就可以多建层数，这对于在软弱土层上建房有突出的经济效益。地震效应与建筑的质量成正比，减轻房屋自重是提高结构抗震能力的有效办法。高层建筑的质量大，不仅作用于结构上的地震剪力大，而且由于重心高，地震作用倾覆力矩大，对竖向构件产生很大的附加轴力，从而造成附加弯矩更大。

因此，在高层建筑房屋中，结构构件宜采用高强度材料，非结构构件和围护墙体应采用轻质材料。减轻房屋自重既减小了竖向荷载作用下构件的内力，使构件截面变小，又可减小结构刚度和地震效应；既能节省材料，降低造价，又能增加使用空间。

(二)承受的荷载

高层建筑和低层建筑一样，承受自重、活荷载、雪荷载等垂直荷载和风、地震等水平作用。

在低层结构中，水平荷载产生的内力和位移很小，通常可以忽略；在多层结构中，水平荷载或作用的效应（内力和位移）逐渐增大；在高层建筑中，水平荷载和地震作用成为主要的控制因素。

(三)载荷对结构内力的影响

从载荷对结构内力的影响看，垂直荷载主要产生轴力，其与房屋高度大体上呈线性关系；水平荷载或作用则产生弯矩，其与房屋高度呈二次方变化。

(四)抗震设计要求

高层建筑结构设计除要考虑正常使用时的竖向荷载、风荷载以外，还必须使结构具有良好的抗震性能，做到震时不坏，大震时不倒塌。

建筑结构是否具有抗震能力主要取决于结构所能吸收的地震能量，它等于结构承载力与变形能力的乘积。而结构抗震能力是由承载力和变形能力两者共同决定的。当结构承载力较小，但具有很大延性时，所能吸收的能量多，虽然较早出现损坏，但能经受住较大的变形，避免倒塌。但是，仅有较大承载力而无塑性变形能力的脆性结构吸收的能量少，一旦遭遇超过设计烈度的地震作用时，很容易因脆性破坏造成房屋倒塌。

一个构件或结构的延性用延性系数 μ 表达，一般为最大允许变形 Δ_p，与屈服变形 Δ_y 的比值，变形可以是线位移、转角或层间侧移，其相应的延性称为线位移延性、角位移延性和相对位移延性。结构延性的表达式为：

$$\mu = \Delta_p / \Delta_y \tag{7-1}$$

式中：Δ_y ——结构屈服时荷载 F，对应的变形；

　　　Δ_p ——结构极限荷载 F_m 或降低 10%时所对应的最大允许变形。

结构的延性与许多因素有关，如结构材料、结构体系、总体布置、节点连接、构造措施等。计算结构的延性是很困难的，一般通过试验测定。

结构或构件的延性是通过一系列的构造措施实现的。因此，在高层建筑的设计中，为使结构具有良好的延性，构件要有足够的截面尺寸，柱的轴压比、梁和剪力墙的剪压比、构件的配筋率要适宜。高层建筑钢筋混凝土结构的延性一般要求为 $\mu = 4 \sim 8$。

（五）重视轴向变形影响

采用框架体系和框——墙体系的高层建筑中，框架中柱的轴压应力往往大于边柱的轴压应力，中柱的轴向压缩变形大于边柱的轴向压缩变形。当房屋很高时，这种轴向变形的差异会达到较大的数值，其后果相当于连续梁的中间支座产生沉陷，从而使连续梁中间支座的负弯矩值减小，跨中正弯矩值和端支座负弯矩值增大。在低层建筑中，因为柱的总高度较小，该效应不显著，所以可以不考虑。

在高层建筑中，尤其是超高层建筑中，并且柱的负载很重，柱的总高度又很大，整根柱在重力荷载下的轴向变形有时达到数百毫米，对建筑物的楼面标高产生不可忽略的影响。同时，轴向变形对结构、构件剪力和侧移的影响也不能忽略。

（六）侧移是主要控制因素

从侧移观点看，侧移主要由水平荷载或作用产生，且与高度呈四次方变化。

高层建筑设计不仅需要较大的承载能力，而且需要较大的刚度，使侧移不至于过大，这是因为侧移过大时会有以下影响：

（1）会使填充墙和装修损坏，也会使电梯轨道变形。

（2）会使主体结构出现裂缝，甚至损坏。

（3）会使结构产生附加内力，甚至引起倒塌。

（七）概念设计与结构计算同等重要

结构抗震设计中存在许多不确定或未知的因素。例如，地震地面运动的特征（强度、频谱、持时）是不确定的，结构的地震响应也就很难确定，同时又很难对结构进行精确计算。高层建筑结构的抗震设计计算是在一定假定条件下进行的。尽管分析手段不断提高，分析原理不断完善，但是由于地震作用的复杂性和不确定性、地基土影响的复杂性和结构体系本身的复杂性可能导致理论分析计算结果和实际情况相差数倍之多。尤其是当结构进入弹塑性阶段之后，构件会出现局部开裂甚至破坏，这时结构已很难用常规的计算原理去进行内力分析。

实践表明，在设计中把握好高层建筑的概念设计，从整体上提高建筑的抗震能力，消除结构中的抗震薄弱环节，再辅以必要的计算和结构措施，才能设计出具有良好的抗震性能和足够抗震可靠度的高层建筑。

概念设计是指在设计中，要求工程师运用概念进行分析（不是只依赖计算），做出判断，并采取相应措施。判断能力主要来自工程师本人所具有的设计经验，包括力学知识、专业知识、对结构地震破坏机理的认识、对地震震害经验教训和试验破坏现象认识的积累等。

概念设计是抗震设计中很重要的一部分，涉及的内容十分丰富，主要有以下几点：

（1）选择对建筑抗震有利的场地和地基。场地条件通常指局部地形、断层、地基土层、砂土液化等。表土覆盖层土质硬、厚度小，则承载力高、稳定性好，在地震作用下不易产生地基失效；土质愈软、厚度愈大，对地震的放大效应愈大；局部突出的土质山梁、孤立的山包，对地震效应有放大作用；在发震断层，地震中常出现地层错位、滑坡、地基失效或土体变形。抗震设计时，应选择坚硬土或中硬土场地，当无法避开不利的或危险的场地时，应采取相应措施。

（2）选择延性好的结构体系与材料。

（3）抗震结构平面及立面布置应简单、规则。抗震结构的刚度、承载力和延性在楼层平面内应均匀，沿结构竖向应连续，刚度和质量分布均匀。

（4）对于抗震结构，应设计成延性结构。

（5）减轻结构自重有利于抗震。

（6）抗震结构刚度不宜过大，结构也不宜太柔，要满足位移限制。所设计结构的周期要尽量与场地土的卓越周期错开，大于卓越周期较好。

（7）防止结构出现软弱层而造成严重破坏或倒塌，防止传力途径中断。特别是不规则结构或体型复杂的结构，一定要设置从上到下贯通连续的、有较大的刚度和承载力的抗侧力结构。

（8）抗震结构应尽量减少扭转，扭转对结构的危害很大，同时要尽量增大结构的抗扭刚度。

（9）抗震结构必须具有承载力和延性的协调关系。延性不好的构件或进入塑性变形阶段产生较大变形的、对结构抗倒塌不利的部位可设计较高的承载力，使它们不屈服或晚屈服。

（10）尽可能设置抵抗地震的多道防线。超静定结构允许部分构件屈服甚至损坏，是抗震结构的优选结构。合理预见并控制超静定结构的塑性铰出现部位就可能形成抗震的多道防线。

（11）控制结构的非弹性部位（塑性铰区），实现合理的屈服耗能机制。塑性铰部位会影响结构的耗能，合理的耗能机制应当是梁铰机制。因此，在延性框架中，盲目加大梁内的配筋是有害而无益的。

（12）提高结构整体性。各构件之间的连接必须可靠。

（13）地基基础的承载力和刚度要与上部结构的承载力和刚度相适应。

结构概念设计是高层建筑结构设计的重要内容，工程师对概念设计的掌握是一个不断学习和积累的过程，是通过力学知识与规律建立结构受力与变形规律的各种概念，对历次地震震害的理解与对国内外震害教训经验的积累，以及对各类结构试验研究结果的了解和应用。通过积累大量工程经验，理论联系实际，就会在概念设计的知识和能力上逐步前进。

总之，概念设计中最重要的是分析、预见、控制结构的耗能和薄弱部位。概念设计必须综合考虑，有矛盾时要衡量利弊，因势利导，转化或消除其弱点。

概念正确才有助于分析，概念清楚才有助于宏观控制。

三、高层建筑结构类型与结构体系

（一）高层建筑的结构类型

钢和钢筋混凝土两种材料都是建造高层建筑的重要材料，但各自有不同的特点。

1. 钢结构的优缺点

钢结构的优点是：

（1）钢材强度高、韧性大、易于加工，钢构件可在工厂加工，有利于缩短施工工期，且施工方便；

（2）高层钢结构断面小，自重轻，抗震性能好。

钢结构的缺点是：

（1）高层钢结构用钢量大，造价高；

（2）钢材耐火性能差，需要用大量防火涂料，增加了工期和造价。

在发达国家，大多数高层建筑采用钢结构，我国仅部分高层建筑采用了钢结构。在一些地基软弱或抗震要求高而高度又大的高层建筑采用钢结构是合理的。

2. 钢筋混凝土结构的优缺点

钢筋混凝土结构的优点是：

（1）造价低，且材料来源丰富，并可浇注成各种复杂断面形状，组成各种复杂结构体系；

（2）节省钢材，经过合理设计可获得较好的抗震性能。

钢筋混凝土结构的缺点是：

（1）构件强度低；

（2）截面大；

（3）自重大。

在发展中国家，大都采用钢筋混凝土结构建造高层建筑，我国的高层建筑也以钢筋混凝土结构为主。

（二）高层建筑的结构体系

结构体系是指结构抵抗外部作用的骨架，主要是由水平构件和竖向构件组成的，有时还有斜向构件（支撑）。目前常用的高层建筑结构体系主要有框架结构、剪力墙结构、框架—剪力墙结构、板柱—剪力墙结构、悬挂式结构、筒体结构、巨型结构等。不同结构体系的受力特点、抵抗水平荷载的能力、侧向刚度和抗震性能等各不相同，因而不同的结构体系适用于不同的建筑功能及不同的高度。合理的结构体系必须满足高层建筑结构的承载力、刚度、稳定性和延性要求，且能有效降低高层建筑结构的造价。

由于作用或荷载的方向不同，高层建筑结构体系分为承重体系和抗侧力体系。前者是由承受竖向荷载的结构构件组成的体系；后者是由承受水平荷载的结构构件组成的体系。一般来说，竖向荷载通过水平构件（楼盖）传递给竖向构件（柱、墙等），再传递给基础；水平荷载通过水平构件（楼盖）的协调作用，分配给楼层的竖向构件（柱、墙等），再传递给基础。所以高层建筑结构是通过水平构件和竖向构件协同工作来抵抗荷载或作用的。一般情况下，竖向承重体系也是抗侧力体系。

1. 框架结构体系

由梁和柱两类构件通过刚节点连接而成的结构称为框架，当整个结构单元所有的竖向和水平作用完全由框架承担时，该结构体系称为框架结构体系，分为钢筋混凝土框架、钢框架和混合结构框架三类。在竖向荷载和水平荷载作用下，框架结构各构件会产生内力和变形。框架结构的侧移一般主要由两部分组成，即由水平力引起的楼层剪力使梁、柱构件产生弯曲变形，形成框架结构的整体剪切变形；由水平力引起的倾覆力矩使框架柱产生轴向变形（一侧柱拉伸，另一侧柱压缩），形成框架结构的整体弯曲变形。当框架结构房屋的层数不多时，其侧移主要表现为整体剪切变形，整体弯曲变形的影响较小。

框架结构体系的优点是建筑平面布置灵活，能够提供较大的使用空间，适用于商场、会议室、餐厅、车站、教学楼等公共建筑；建筑立面容易处理；结构自重较轻；计算理论比较成熟，在一定高度范围内造价较低。

框架结构体系侧向刚度较小，在水平荷载作用下侧移较大，有时会影响正常使用。如果框架结构房屋的高宽比较大，则引起的倾覆作用也较大。因此，设计时应控制房屋的高度和高宽比。

框架节点是内力集中、关系结构整体安全的关键部位，震害表明节点常常是导致结构破坏的薄弱环节。另外，震害中非结构性破坏，如填充墙、建筑装修和设备管道等破坏较严重。因此，框架结构主要适用于抗震性能要求不高和层数较少的建筑。

2. 剪力墙结构体系

建筑物高度较大时，如仍用框架结构，则会造成柱截面尺寸过大，且影响房屋的使用功能。用钢筋混凝土墙代替框架，能有效地控制房屋侧移。钢筋混凝土墙有时主要用于承受水平荷载，使墙体受剪和受弯，故称为剪力墙（也称抗震墙）。如果整栋房屋的承重结构全部由剪力墙组成，则称为剪力墙结构体系。

在竖向荷载作用下，剪力墙是受压的薄壁柱；在水平荷载作用下，当剪力墙的高宽比较大时，可视为下端固定上端悬臂、以受弯为主的悬臂构件；在两种荷载共同作用下，剪力墙各截面会产生轴力、弯矩和剪力，并引起变形。

对于高宽比较大的剪力墙，其侧向变形呈弯曲型。

剪力墙结构房屋的楼板直接支承在墙上，房间墙面及顶棚平整，层高较小，适用于住宅、旅馆等建筑；剪力墙结构整体性好，水平承载力和侧向刚度均很大，侧向变形较小，能够满足抗震设计变形要求，适用于建造较高的房屋。从国内外众多震害情况得出，剪力墙结构的震害一般较轻，因此，剪力墙结构在高设防烈度区的高层建筑中得到广泛应用。

但剪力墙结构中墙体较多，且间距不宜过大，使建筑平面布置不灵活，不能满足大空间公共建筑的要求。此外，由于墙体均由钢筋混凝土浇筑而成，剪力墙自身重力大，使得剪力墙结构自振周期短，地震作用较大。针对剪力墙结构的不足，衍变出以下结构形式：

（1）部分框支剪力墙结构。这种结构又称底部大空间剪力墙结构，是将剪力墙结构的底层或底部几层中的部分墙体取消，用框架取代，即一部分剪力墙不落地，底部采用框架支承上部剪力墙传来的荷载。框支层可以提供较大的使用空间，适用于商场、超市、酒店等公共建筑；而上部结构仍为剪力墙，可作为办公室、住宅、旅馆等，满足了建筑物多样性的使用要求。由于框支层与上部剪力墙层的结构形式以及结构构件布置不同，因而在两者连接处需设置转换层，故这种结构又称带转换层高层建筑结构。转换层的水平转换构件可采用转换梁、转换桁架、空腹桁架、箱形结构、斜撑、厚板等。

需要注意的是，由剪力墙转换为框架，结构的侧向刚度变小；带转换层高层建筑结构在其转换层上、下层间侧向刚度发生突变，形成柔性底层或底部。

在地震作用下，转换层以下结构的层间变形大，框架柱易遭受破坏甚至倒塌。

因此，地震区不允许采用底层或底部若干层全部为框架的框支剪力墙结构，结构设计时要采取措施加强底部结构刚度，避免薄弱层。如底层或底部几层需采用部分框支剪力墙、部分落地剪力墙，形成底部大空间剪力墙结构，应把落地剪力墙布置在两端或中部，并将纵、横向墙围成筒体；还可采取增大墙体厚度、提高混凝土强度等措施加大落地墙体的侧向刚度，使整个结构的上、下部侧向刚度差别减小。对于上部结构则应采取小开间的剪力墙布置方案。落地剪力墙底部承担的地震倾覆力矩不应小于结构底部地震总倾覆力矩的50%。

（2）短肢剪力墙结构。通常剪力墙结构的墙肢截面高度与厚度的比值大于8，当截面高度与厚度比值为4~8时，墙肢比普通剪力墙短，称为短肢剪力墙。短肢剪力墙有利于住宅建筑平面布置和减轻结构自重，但抗震性能和承载力比普通剪力墙结构低。因此，高层建筑不允许采用全部为短肢剪力墙结构形式，应设置一定数量的普通墙或筒体，形成短肢墙与普通墙（或筒体）共同抵抗水平作用的结构形式。一般是在电梯、楼梯部位布置剪力墙形成筒体，其他部位则根据需要，在纵横墙交接处设置T形、十字形、L形截面短肢剪力墙，墙肢之间在楼面处用梁连接，形成使用功能及受力均比较合理的短肢剪力墙结构体系。

短肢剪力墙承担的底部地震倾覆力矩不宜大于结构底部地震总倾覆力矩的50%，房屋最大适用高度比一般剪力墙结构要小。

3. 框架—剪力墙结构体系

为了充分发挥框架结构平面布置灵活和剪力墙结构侧向刚度大的特点，当建筑物需要有较大空间，且高度超过框架结构的合理高度时，可采用把框架和剪力墙两种结构组合在一起，组成共同工作的结构体系，即框架—剪力墙结构体系。框架—剪力墙结构体系通过水平刚度很大的楼盖将框架和剪力墙联系在一起共同抵抗水平荷载，是一种双重抗侧力结构。剪力墙承担大部分水平力，是抗侧力的主体；框架则主要承担竖向荷载，同时也承担少部分水平力。在罕遇地震作用下剪力墙的连梁往往先屈服，使剪力墙刚度降低，由剪力墙抵抗的一部分剪力转移到框架，如果框架具有足够的承载力，则双重抗侧力结构体系得到充分发挥，可避免结构严重破坏甚至倒塌。因此，框架—剪力墙结构在遇地震作用下各层框架设计采用的地震层剪力不应过小。

框架—剪力墙结构既有框架结构布置灵活、使用方便的特点，又有较大的刚度和较强的抗震能力，因而广泛应用于高层办公建筑和旅馆建筑。

框架在水平荷载作用下的侧移曲线为剪切型，而剪力墙的侧移曲线为弯曲型。在框架—剪力墙结构中，二者通过楼板协同工作，其变形也需协调，最终的侧移曲线为弯剪型。上、下各层层间变形趋于均匀，并减小了顶点侧移。

4. 板柱—剪力墙结构体系

当楼盖为无梁楼盖时，由无梁楼板与柱组成的框架称为板柱框架，由板柱框架与剪力墙共同承受竖向和水平作用的结构称为板柱—剪力墙结构。板柱结构具有施工方便，楼板高度小，可减小层高，提供较大的使用空间，灵活布置隔断等特点。

板柱结构节点的抗震性能较差，在地震作用下柱端不平衡弯矩由板柱连接点传递，在柱周边产生较大的附加剪力，加上竖向荷载的剪力，有可能使楼板发生剪切破坏。板柱结构在地震中破坏严重，不能作为抗震设计的高层建筑结构体系。

在板柱结构中设置剪力墙，或将楼梯、电梯间做成钢筋混凝土井筒，即板柱—剪力墙结构。板柱—剪力墙结构可用于抗震设防烈度不超过8且高度宜低于框架—剪力墙结构。板柱—剪力墙结构的周边应布置有梁框架，楼梯、电梯洞口周边设梁，其剪力墙布置要求与框架—剪力墙结构中剪力墙的要求相同。

5. 悬挂式结构

悬挂式结构是以核心筒、桁架、拱等作为竖向承力结构，全部楼面均通过钢丝束、吊索悬挂在上述承重结构的上面而形成的一种结构体系。该类结构具有两大特点：一是占地少，底部可形成较大的开放空间；二是构件分工明确，可发挥各自的长处。若以核心筒、桁架或拱作为主要受力构件，其他构件则只承受局部范围内的作用。

6. 筒体结构体系

随着建筑层数和高度的增加（如层数超过30层，高度超过100m），由平面工作状态的框架或剪力墙构件组成的高层建筑结构体系往往不合理、不经济，甚至不能满足刚度或强度的要求。这时可将剪力墙围成筒状，形成一个竖向布置的、空间刚度很大的薄壁筒体，即筒体结构。

筒体有实腹筒、框筒和桁架筒三种基本形式。由钢筋混凝土剪力墙围成的筒体称为实腹筒；在实腹筒的墙体上开出许多规则排列的窗洞而形成的开孔筒称为框筒，框筒实际上是由密排柱和刚度很大的窗裙梁构成的密柱深梁框架围成的；若筒体的四壁是由竖杆和斜杆形成的桁架组成的，则称为桁架筒。

筒体结构体系是指由一个或几个筒体单元组合而成的结构体系。筒体结构的最大优势在于其空间受力特点，即在水平荷载作用下，筒体可视为底端固定、顶端自由、竖向放置的悬臂构件。实腹筒实际上就是箱形截面悬臂柱，其截面抗弯刚度比矩形截面大很多，故实腹筒具有很大的侧向刚度及水平承载力，并具有很好的抗扭刚度，适用于修建更高的高层建筑。

筒体的组合可形成不同的筒体结构，如框筒结构、筒中筒结构、束筒结构、框架—核心筒结构等。

（1）框筒结构。框筒可以作为抗侧力结构体系单独使用，整体上具有箱形截面的悬臂结构，平面上具有中和轴，分为受拉柱和受压柱，形成受拉翼缘框架和受压翼缘框架。翼缘框架各柱所受轴向力并不均匀，角柱轴力大于平均值，远离角柱的各柱轴力小于平均值；在腹板框架中，各柱轴力分布也不是直线规律。这种规律称为剪力滞后现象。剪力滞后现象越严重，参与受力的翼缘框架柱越少，空间受力特性越弱。

如果楼板跨度较大，可以在筒体内部设置若干柱子，以减少梁板的跨度，这些柱子只承受竖向荷载，不参与抗侧力。

（2）筒中筒结构。筒中筒结构是以框筒或桁架筒为外筒，以实腹筒为内筒的结构。内筒通常可集中在电梯、楼梯、管道井等位置。框筒的侧向变形以剪切型为主，内部实腹筒变形则以弯曲型为主，通过楼盖的连接，二者协调变形，形成较中和均匀的弯剪变形。在结构下部，内筒承担大部分水平力，而在结构上部，外框筒则分担了大部分的水平力。筒中筒结构抗侧刚度较大、侧移较小，因此，适用于建造50层以上的高层建筑。筒中筒结构并不一定限于双重，由多个不同大小的筒体同心排列形成的空间结构称为多重筒。多重筒具有较大的抗侧刚度，如日本东京新宿住友大厦为三重筒体结构。

（3）束筒结构。两个以上框筒排列成束状的结构称为束筒结构。该结构体系空间刚度极大，能适应很高的高层建筑的受力要求。世界上典型的束筒结构为美国西尔斯大厦，该楼的底层平面尺寸为68.6m×68.6m，沿结构高度分段收进，沿高度方向逐渐减少筒体数量，使刚度逐渐变化，避免结构薄弱层的出现。

（4）框架—核心筒结构。框架—核心筒结构是由核心筒与外围框架组成的结构体系，周边的框架梁柱截面较小，不能形成框筒，其中筒体主要承担水平荷载，框架主要承担竖向荷载。这种结构既有框架结构与筒体结构两者的优点，建筑平面布置灵活，便于设置大房间，又具有较大的侧向刚度和水平承载力，因此得到广泛应用。框架—核心筒结构的受力和变形特点以及协同工作原理与框架—剪力墙结构类似。

7. 巨型结构体系

巨型结构体系或超级结构体系产生于 20 世纪 60 年代，是指一栋建筑由数个大型结构单元所组成的主结构与常规结构构件组成的子结构共同组成的结构体系。常见的有巨型框架结构和巨型桁架结构。

巨型框架结构也称主次框架结构，主框架为巨型框架，次框架为普通框架。巨型框架结构可分为两种形式，即由主次框架组成的巨型框架结构和由周边主次框架和核心筒组成的巨型框架—核心筒结构。

巨型框架柱的截面尺寸大，多数采用由墙围成的井筒，也可采用矩形或 I 形的实腹截面柱。巨型柱之间用跨度和截面尺寸都很大的梁或桁架做成的巨型梁（1~2 层楼高）连接。

巨型梁之间一般设置 4~10 层次框架，次框架仅承受竖向荷载，梁柱截面较小，次框架支承在巨型梁上，竖向荷载由巨型梁传至基础，水平荷载由巨型框架承担或由巨型框架和核心筒共同承担。该结构体系在使用上的优点是在上下两层横梁之间有较大的灵活空间，可以布置小框架形成多层空间，也可形成具有很大空间的中庭，以满足建筑需要。

巨型桁架结构是由大截面尺寸的巨柱、巨梁和巨型支撑等杆件组成的空间桁架，相邻立面的支撑交汇在角柱，形成巨型空间桁架结构，可以抵抗水平荷载和竖向荷载。

水平作用产生的层剪力成为支撑斜杆的轴向力，可最大限度地利用材料。楼层竖向荷载通过楼盖、次构件传递到桁架的主要杆件上，再通过柱和斜撑传递到基础。空间桁架结构是既高效又经济的抗侧力结构。

四、高层建筑结构的布置原则

（一）结构总体布置

高层建筑结构体系确定后，要特别重视建筑体型和结构的总体布置，使建筑物具有良好的造型和合理的传力路线。结构体系受力性能与技术经济指标能否做到先进合理，与结构布置密切相关。

目前，高层建筑物的结构设计严格地说只是一种校核。设计人员往往先假定结构构件的截面尺寸，然后进行复核计算。如果被假定的构件截面过大或过小，则需要重新调整后再进行复算，直至取得比较合理的截面尺寸为止。有经验的工程师善于利用以往工程设计的经验判断构件截面的大小，这样可以避免多次调整而带来的反复计算，从而加快工程设计的进度。

一般在进行结构布置时，应遵循以下原则：

（1）满足建筑功能要求，便于施工。

（2）在地震区应满足抗震要求。

（3）提高抗侧刚度，减少侧移。

（4）妥善布置变形缝。

结构选型和结构布置是结构设计的关键，远比内力分析重要得多。假如我们从一个不良的体型着手，则以后所能做的工作就是提供"绷带"，即尽可能地改善一个从根本上就拙劣的建筑方案。反之，如果我们从一个良好的体型与合理的结构设计入手，即使一个拙劣的工程师也不会过分地损害它的极限功能。

做好这一工作的基础是设计者要学会概念设计。理论与实践均表明，一个先进而合理的设计不能仅依靠力学分析来解决。因为对于较复杂的高层建筑，某些部位无法用解析方法精确计算。特别是在地震区，地震作用的影响因素很多，要求精确计算是不可能的。概念设计是指对结构工作状态和一些基本概念的深刻理解，运用正确的思维概念指导设计。概念设计需要的知识是多方面的，包括理论分析、施工技术、设计经验、事故及震害的分析和处理等。工程师应不断总结，勤于思考，加深对若干概念的理解。如：

（1）结构布置的关键是受力明确，传力途径简捷。

（2）结构布置的两大禁忌是上刚下柔和平面刚度不均匀，尽量避免不规则平面及立面建筑形态。

（3）要考虑建筑物受到基本烈度地震时房屋不做修理或稍做修理仍可使用，即小震不坏，中震可修，大震不倒。但不坏并不是无破损，其重点是保物。大震不倒是指地震超过基本烈度时，楼板、屋顶掉不下来，只要有竖向构件支撑，使人及设备可以转移即可，其重点是保人。人比物重要，故大震不倒是设计的重点。

（4）设计成抗风时建筑物刚，抗震时建筑物柔。

（5）结构的承载力、变形能力和刚度要均匀连续分布，适应结构的地震反应要求。某一部位过强、过刚会使其他楼层形成相对薄弱环节而导致破坏。

（6）高层建筑中突出屋面的塔楼必须具有足够的承载力和延性，以承受高振型产生的鞭梢效应影响。

（7）关于结构延性，应当从设计上规划，使结构塑性铰发生在所期望的部位，形成最佳耗能机构，采取积极的耗能措施如人工塑性铰对结构进行控制。构件设计应采取有效措施，防止脆性破坏，保证构件有足够的延性。脆性破坏指剪切、锚固和压碎等突然而无事先警告的破坏形式。设计时应保证抗剪承载力大于抗弯承载力，按"强剪弱弯"的方针进行配筋。

（8）在设计上和构造上实现多道设防，通过空间整体性形成高次超静定等。

（9）选择有利的场地，避开不利的场地，采取措施保证地基的稳定性。基岩有活动性断层和破碎带、不稳定的滑坡地带属于危险场地，不宜兴建高层建筑；冲积层过厚、砂土有液化的危险、湿陷性黄土等属于不利场地，要采取相应的措施减轻震害的影响。基础及地基设计的关键是控制绝对沉降量及相对沉降差，使荷载不大于地耐力，保证地基基础的承载力、刚度和有足够的抗滑移、抗转动能力。

（10）减轻结构自重，最大限度地降低地震的作用。

只有对上述概念有了深刻的理解，才能做出较好的结构布置。

1. 做好结构总体布置

高层建筑结构应根据房屋高度和高宽比、抗震设防类别、抗震设防烈度、场地类别、结构材料、施工技术条件等因素考虑其适宜的结构体系。高层建筑不应采用严重不规则的结构体系，并应具有必要的承载能力、刚度和变形能力，应避免因部分结构构件的破坏而导致整个结构丧失承载能力，对可能出现的薄弱部位，应采取有效措施予以加强。

高层建筑结构的竖向布置和水平布置宜采用合理的刚度和承载能力分布，避免因局部突变和扭转效应而形成薄弱部位。抗震建筑宜具有多道防线。

所谓规则结构是指平面和立面体型规则，结构平面布置均匀对称并具有较好的抗扭刚度；结构竖向布置均匀，结构的刚度、承载能力和质量分布均匀，无突变。严重不规则结构的方案不应采用，必须对结构方案进行调整。

2. 房屋的适用高度

对高层建筑的高度限值，主要出于对房屋抗震性能与抗风能力等的要求，因为超过规定高度限值，按常规设计方法，很难达到相关规程所规定的各项要求。即使勉强达到结构规范的要求，从技术、经济及建筑功能的角度分析也是不合理的。

高层建筑按适用高度分为 A 级与 B 级两类。A 级高度的钢筋混凝土高层建筑是指目前数量最多、应用最广泛的建筑。凡是超过 A 级建筑高度限值的钢筋混凝土高层建筑属于

B 级。

3. 控制主体结构高宽比

在地震作用下，建筑物就如一个悬臂杆件，其整体刚度是很关键的抗震性能，否则过大的变形不仅会导致主体结构遭到严重震害，而且非结构构件的门窗、隔墙、填充墙、电气设备和装饰也会遭到严重破坏。

高层建筑最大高宽比的限值是对结构刚度、整体稳定、承载能力和经济合理性的宏观控制。

在复杂体型的高层建筑中，一般可按所考虑方向的最小投影宽度计算高宽比，但对突出建筑物平面的很小的局部结构（如楼梯间、电梯间等），一般不应包含在计算宽度内。对带有裙房的高层建筑，当裙房的面积和刚度相对于其上部塔楼的面积和刚度较大时，计算高宽比时房屋高度和宽度可按裙房以上部分考虑。

目前国内的钢筋混凝土高层建筑结构如果不超出限值，可以不验算倾覆安全度和整体稳定性。《高层建筑混凝土结构技术规程》给出的钢筋混凝土结构高层建筑适用的最大高宽比限制值是一个经验性的规定，在一般情况下，符合高宽比限制值要求的建筑比较容易满足侧移限制，而侧移限制才是最根本的要求。如果各方面都能满足规范要求，突破高宽比限值是可能的。

（二）结构平面布置

结构平面布置必须考虑有利于抵抗水平荷载和竖向荷载，受力明确，传力直接，力争均匀对称，减少扭转的影响。平面形状的选择极大地影响结构的内力与变形，因此《高层建筑混凝土结构技术规程》对结构的平面形状有一系列的限制。地震区的建筑不宜采用角部重叠的平面形状或细腰形平面形状，因为这两种平面形状的建筑的中央部位都形成了狭窄、突变部分，成为地震中最为薄弱的环节，容易发生震害。尤其在凹角部位产生应力集中，极易开裂、破坏。这些部位应采用加大楼板厚度、增加板内配筋、设置集中配筋的边梁、配置 45°斜向钢筋等方法予以加强。

（三）结构竖向布置

1. 一般原则

结构竖向布置最基本的原则是沿竖向结构的强度与刚度宜均匀、连续，避免有过大的外挑和内收；不应突然变化，不应采用竖向布置严重不规则的结构；尽量使重心降低，顶部突出部分不能太高，否则会产生端部效应，高振型的影响明显加大；各层刚度中心宜在一条竖直线上，尤其是在地震区，竖向刚度变化容易产生严重的震害。

结构宜设计成刚度下大上小，自下而上逐渐减小。下层刚度小使变形集中在下部，形成薄弱层，严重时会引起建筑全面倒塌。如果体型尺寸有变化，也应下大上小逐渐变化，不应发生过大的突变。

在实际工程设计中，往往沿竖向分段改变构件的截面尺寸和混凝土的强度等级，这种改变使刚度发生变化，形成自下而上递减。从施工方面来说，改变次数不宜太多；但从结构受力角度来看，改变次数太少，每次变化太大则容易产生刚度突变。所以，一般沿竖向变化不超过 4 次。每次改变时，梁、柱尺寸宜减小 100~150mm，墙厚宜减小 50mm，混凝土强度宜减小 5MPa。尺寸减小与强度降低最好错开楼层，避免同层同时改变。竖向刚度突变还由于下述原因产生：

（1）底层或底部若干层由于取消一部分剪力墙或柱子而产生刚度突变。这常出现在底部大空间剪力墙结构或框筒的下部大柱距楼层。这时，应尽量加大落地剪力墙和下层柱的截面尺寸，并提高这些楼层的混凝土强度等级，尽量减少刚度削弱的程度。

（2）中部楼层部分剪力墙中断。如果建筑功能要求必须取消中间楼层的部分墙体，则取消的墙体不宜多于 1/3，不得超过半数，其余墙体应加强配筋。

（3）顶层由于设置空旷的大房间而取消部分剪力墙或内柱。由于顶层刚度削弱，高振型影响会使地震作用加大。顶层取消的剪力墙也不宜多于 1/3，不得超过一半。框架取消内柱后，全部剪力应由其他柱或剪力墙承受，并应在柱子顶层全长加密配筋。

2. 高层建筑结构应设置地下室

高层建筑设置地下室有如下的结构功能：

（1）利用土体的侧压力防止水平力作用下结构的滑移、倾覆。

（2）减小土的质量，降低地基的附加压力。

（3）提高地基土的承载能力。

（4）减轻地震作用对上部结构的影响。

3. 明确限制竖向布置不规则等情况

《高层建筑混凝土结构技术规程》对于竖向布置不规则、不均匀的情况作了明确的限制。

（1）《高层建筑混凝土结构技术规程》规定高层框架结构抗震设计时，楼层的侧向刚度不宜小于相邻上部楼层侧向刚度的 70% 或其上相邻三层侧向刚度平均值的 80%。

框架—剪力墙、板柱—剪力墙等其他结构的楼层侧向刚度可定义为单位弹性层间位移角所需的层剪力（这里考虑了层高的影响）。其侧向刚度不规则是指本层的侧向刚度小于相邻上一层的 90%；本层层高大于相邻上部楼层层高的 1.5 倍时，本层的侧向刚度小于相邻上一层的 110%；底部嵌固楼层小于上一层的 150%。

（2）A 级高度高层建筑的楼层层间受剪承载力不宜小于其上一层受剪承载力的 80%，不应小于其上一层受剪承载力的 65%；B 级高度高层建筑则要求更为严格，要求楼层受剪承载力不应小于其上一层受剪承载力的 75%。所谓楼层受剪承载力是指该层全部抗侧力构件（柱和剪力墙）在考虑的水平地震作用方向所受剪承载力之和。竖向抗侧力结构屈服抗剪强度有薄弱层。

（3）为了保证结构竖向的规则性，要求结构竖向抗侧力构件宜上、下连续贯通。

对于结构上下有收进或挑出时，其收进或挑出部分的尺寸限制如下：

上部楼层收进时，且 $H_1/H>0.2$，应有 $B_1/B \geq 0.75$。

上部楼层外挑时，应有 $B_1/B \geq 1.1$，且 $a \leq 4m$。

（四）楼板的布置

楼板除传递垂直荷载外，还是传递水平力、保证结构协同工作的关键构件。在目前的结构计算中一般都假定楼板在平面内的刚度为无限大，这将大大简化计算分析。所以在构造设计上，要使楼盖具有较大的平面内刚度。而在实际高层建筑中，也要求楼盖具有足够的平面内刚度，以保证建筑物的空间整体稳定性和有效传递水平力。

值得注意的是，保证协同工作是靠楼板而不是靠梁，因而必须保证楼板在平面内刚度为无限大，保证其在墙、柱和梁上的支承可靠。否则，理论分析前提会失去保证。在楼板布置时，应尽量采用整体现浇。对于装配式楼板，应设置现浇层，并在支承长度，板与梁、墙的连接上采取可靠的构造措施。

《高层建筑混凝土结构技术规程》规定，房屋高度超过 50m 的框架—剪力墙结构、筒体结构和复杂高层结构只采用现浇楼盖结构。这些结构由于各片抗侧力结构刚度相差很大，因而楼板变形更为显著。由于主要抗侧力结构的间距较大，水平荷载要通过楼面传递，因此，结构中的楼板有更好的整体性。剪力墙结构和框架结构也宜采用现浇楼盖结构。

房屋高度不超过 50m 的 8 度、9 度抗震设计的框架—剪力墙结构也宜采用现浇楼盖结构。6 度、7 度抗震设计的框架—剪力墙结构可以采用装配整体式楼盖。高度不超过 50m 的框架结构或剪力墙结构允许采用加现浇钢筋混凝土面层的装配整体式楼板，现浇层厚度不应小于 50mm；混凝土强度等级不应低于 C20，并应双向配置直径 6~8mm、间距 150~200mm 的钢筋网，钢筋应锚固在剪力墙内，以保证其整体工作。

预应力平板厚度可按跨度的 1/50~1/40 采用，板厚不宜小于 150mm，预应力平板钢筋保护层厚度不宜小于 30mm。预应力平板设计中应采取措施防止或减少竖向和横向主体结构对楼板施加预应力的阻碍作用。

房屋顶层、结构转换层、平面复杂或开洞过大的楼盖以及地下室楼盖中，抗侧力构件的剪力要通过楼板进行重新分配，传递到竖向支承结构上去，使楼板受到很大的内力，因此，要用现浇楼板并采取加强措施。顶层楼板厚度不宜小于 130mm，转换层楼板厚度不宜小于 180mm，地下室顶板厚度不宜小于 180mm，一般楼层现浇楼板厚度不应小于 80mm。

（五）变形缝的设置

在一般高层建筑结构的总体布置中，考虑沉降、温度收缩和体型复杂对房屋结构的不利影响，常常用沉降缝、伸缩缝或防震缝将房屋分成若干独立的部分，从而消除沉降差、温度应力和体型复杂对结构的危害。

1. 变形缝设置的指导思想

（1）三种缝的设置、有关规范都有原则性规定。但在高层建筑中，常常由于立面要求、建筑效果或防水处理困难等希望避免设缝，而是从总体布置、结构构造和施工方法上采取相应的措施，以减少温度、沉降和体型复杂引起的问题。

（2）缝的设置原则是力争不设，尽量少设，必要时一定要设，宜做到一缝多用，即尽量将各缝合一。

2. 变形缝的种类

（1）温度伸缩缝。在多层与高层建筑中，为防止结构因温度变化和混凝土收缩而产生裂缝，常隔一定距离用温度收缩缝分开，温度收缩缝也简称温度缝或伸缩缝。

造成结构温度应力的因素，一是混凝土浇筑凝固过程中的收缩。二是凝固后环境温度变化所引起的收缩和膨胀，如季节温差、室内外温差和日照温差等。当结构的膨胀和收缩受到限制时，则产生温度应力。当温度应力超过一定限值时，使房屋结构产生开裂。房屋长度越长，温度应力越大。

高层建筑的温度应力对底部及顶部危害较为明显。高层钢筋混凝土结构一般不计算由于温度变化产生的内力，原因如下：

①高层建筑的温度场分布和收缩参数等都很难准确地确定。

②混凝土不是弹性材料，它既有塑性变形，又有蠕变和应力松弛，实际的内力要远小于按弹性结构的计算值。

③设置缝增加材料用量，建筑处理复杂。

近年来已趋向于不设缝而从施工或构造角度处理温度应力问题。

①《高层建筑混凝土结构技术规程》规定，房屋沿其长度（宽度）一定距离时设置伸缩缝，使结构在不过长的温度缝区段内能比较自由地伸缩，以释放由于约束引起的温度应力，不致使房屋开裂。

②在温度影响较大的部位提高配筋率。这些部位是顶层、底层、山墙、内纵墙端开间。对于剪力墙结构，这些部位的最小构造配筋率为 0.25%，实际工程的配筋率一般都在 0.3%以上。

③直接受阳光照射的屋面应加厚屋面隔热保温层，或设置架空通风双层屋面，避免屋面结构温度变化过于强烈。

④顶层可以局部改变为刚度较小的形式，如剪力墙结构顶层局部改为框架或顶层分为长度较小的几段。

⑤设后浇缝。一般每 40m 设一道，后浇带宽 700~1000mm，混凝土后浇的钢筋搭接长度为 35m。

留出后浇带后，施工过程中混凝土可以自由收缩，从而大大减小收缩应力。混凝土的抗拉强度可以用来抵抗温度应力，以提高结构抵抗温度变化的能力。有条件时，后浇带可采用在水泥中掺入微量铝粉使其有一定的膨胀性，防止新老混凝土之间出现裂缝。一般情况下也可以用高强混凝土灌注。

后浇带的混凝土可在主体混凝土施工后 60 天浇注，有困难时也不应少于 30 天。后浇混凝土施工时的温度尽量与主体混凝土施工时的温度相近。后浇带应通过建筑物的整个横截面，分开全部墙、梁和楼板，使得两边都可自由收缩。后浇带可以选择对结构受力影响较小的部位曲折通过，一般情况下后浇带可设在框架梁和楼板的 1/3 处。

⑥设施工缝。将楼层分成若干段，分区间隔施工。待先期浇注的混凝土收缩后再浇注其余区段。

⑦设控制缝。在可能出缝的部位人为地进行控制，使缝规律地发生在影响较小的地方。其做法是削弱出缝部位的配筋及混凝土截面。

⑧局部设温度缝。在对其他部件约束较大的部位，局部设温度缝，以减少约束。

（2）沉降缝。在多层和高层建筑中设置沉降缝的目的是避免地基不均匀沉降而引起上部结构开裂和破坏。一般在下列情况下，可考虑设置沉降缝。

①在建筑高度差异或荷载差异较大处。

②地基土的压缩性有显著差异处。

③上部结构类型和结构体系不同，其相邻交接处。

④基底标高相差过大，基础类型或基础处理不一致处。

但高层建筑常常设有地下室，沉降缝会使地下室构造复杂，缝部位防水困难。因此，目前也有不设沉降缝而采取如下措施减少沉降差：

①当压缩性很小的土质不太深时，可以利用天然地基，把高层和裙房部分放在一个刚度很大的整体基础上，使它们之间不产生沉降差。

②可采用"调"的办法，即在设计与施工中采取措施，调整各部分沉降，减小其差异，降低由沉降差产生的内力。

一是调压力差。主楼部分荷载大，采用整体的箱形基础和筏形基础，降低土压力，并加大埋深，以减少附加压力；低层部分采用较浅的十字交叉梁基础，增加土压力。这样可使高低层沉降接近。

二是调时间差。先施工主楼，主楼工期长，沉降大，待主楼基本建成，沉降基本稳定，再施工裙房，使后期沉降基本相近。

三是调标高差。当沉降值计算较为可靠时，主楼标高定得稍高，裙房标高定得稍低，预留两者沉降差，使两者最后的实际标高相一致。

在上述情况下，都要在主楼与裙房之间预留后浇带，待两部分沉降稳定后再连为整体。

（3）防震缝。建筑物各部分层数、质量、刚度差异过大，或有错层时，可用防震缝分开。当房屋外形复杂或者房屋各部分刚度和质量相差悬殊时，在地震作用下，由于各部分的自振频率不同，其连接处必然会引起相互推拉挤压，产生附加拉力、剪力和弯矩，引起震害。防震缝就是为了避免由这种附加应力和变形产生的震害而设置的。

一般抗震设计的高层建筑出现下列情况时，宜设置防震缝。

①平面长度和外伸长度尺寸超出了规程限值而又没有采取加强措施时。

②各部分结构刚度相差很大，采取不同材料和不同结构体系时。

③各部分质量相差很大时。

④房屋有错层，且楼面高差较大时。

设置防震缝时，防震缝的最小宽度应符合下列要求：

①框架结构房屋的高度不超过 15m 的部分可取 70mm；超过 15m 的部分，6 度、7 度、8 度和 9 度相应增加高度为 5m、4m、3m 和 2m，宜加宽 20mm。

②框架—剪力墙结构房屋可按第一项规定数值的 70% 采用，剪力墙结构房屋可按第一项规定数值的 50% 采用，但两者均不宜小于 70mm。

③防震缝两侧的结构体系不同时，防震缝宽度应按不利的结构类型确定；防震缝两侧

的房屋高度不同时，防震缝宽度应按较低的房屋高度确定。

④当相邻结构的基础存在较大沉降差时，宜增大防震缝的宽度。

避免设防震缝的方法如下：

①优先采用平面布置简单、长度不大的塔式楼。

②在建筑体型复杂时，采取加强结构整体性的措施而不设缝。例如，加强连接处的楼板配筋，避免在连接部位的楼板内开洞等。

第三节　建筑防水材料及其应用

一、防水基本材料技术性质判定与应用

（一）石油沥青

生产防水材料的基本材料有石油沥青、煤沥青、改性沥青及合成高分子材料等。其中，石油沥青是石油经蒸馏提炼后得到的渣油再经加工而得到的一种物质，在常温下是黑色或黑褐色的黏稠状液体、半固体或固体，主要含有可溶于三氯乙烯的烃类及非烃类衍生物。因为石油沥青的化学组成复杂，对组成进行分析很困难，且其化学组成也不能反映出沥青性质的差异，所以，一般不做沥青的化学分析。通常从使用角度出发，对其中化学成分和物理性质比较接近的化合物进行划分，分成三个组分，即油分、树脂和地沥青质。

1. 油分

油可分为无色至浅黄色、红褐色黏性液体，密度为 $0.7 \sim 1 \mathrm{g/cm^3}$，分子量为 $100 \sim 500$，能溶于大多数有机溶剂，但不溶于酒精。在石油沥青中，油分的含量为 $40\% \sim 60\%$。油分使石油沥青具有流动性。在 $170℃$ 加热较长时间可挥发。含量越高，沥青的软化点越低，沥青流动性越大，但温度稳定性差。

2. 树脂

树脂为半固体的黄褐色或红褐色的黏稠状物质，分子量为 $600 \sim 1000$，密度为 $1 \sim 1.1 \mathrm{g/cm^3}$。在一定条件下可以由低分子化合物转变为高分子化合物，成为沥青质和炭沥青。石油沥青的树脂含量为 $15\% \sim 30\%$，是石油沥青具有良好的塑性和黏结性的主要因素。

3. 地沥青质

地沥青质为深褐色至黑色固态无定性的超细颗粒固体粉末，分子量为 $2000 \sim 6000$，密

度大于 1g/cm³, 不溶于汽油, 但能溶于二硫化碳和四氯化碳。地沥青质是决定石油沥青温度敏感性和黏性的重要组分。沥青中地沥青质含量为 10%~30%, 其含量越多, 则软化点越高, 黏性越大, 也越硬脆。

石油沥青中含 2%~3%的沥青碳和似碳物 (黑色固体粉末), 是石油沥青中分子量最大的, 它会降低石油沥青的黏结力。石油沥青中还含有蜡, 它会降低石油沥青的黏结性和塑性, 其在沥青组分总含量越高沥青脆性越大。同时, 其对温度特别敏感 (温度稳定性差)。

(二) 石油沥青技术性质判定与应用

1. 黏滞性

沥青黏滞性又称黏性, 是反映沥青材料在外力作用下, 其材料内部阻碍其相对流动的一种能力, 是沥青材料软硬、稀稠程度的反映。它以绝对黏度表示, 是沥青性质的重要指标之一。

石油沥青的黏滞性大小与组分及温度有关。沥青质含量高, 同时有适量的树脂, 而油分含量较少时, 则黏滞性较大。在一定温度范围内, 当温度上升时, 则黏滞性随之降低; 反之则随之增大。液体石油沥青的黏滞性指标为黏滞度 (黏度), 半固体、固体石油沥青黏滞性用针入度表示。黏滞度和针入度是石油沥青重要的技术指标, 是其划分牌号的主要依据。

液体石油沥青的黏滞度表示的是液体沥青在流动时的内部阻力。测试方法是液体沥青在一定温度 (25℃或60℃) 条件下, 经规定直径 (3.5mm 或 10 mm) 的孔漏下 50 mL 所需的秒数。黏滞度大时, 表示沥青的稠度大, 黏性高。

半固体和固体沥青的针入度表示的是某种特定温度下的相对黏度, 可看作常温下的树脂黏度。测试方法是在温度为 25℃的条件下, 以质量 100 g 的标准针, 经 5 s 沉入沥青中的深度 (每 0.1mm 称 1°) 来表示。针入度值大, 说明沥青流动性大, 黏滞性小。针入度范围为 5°~200°。

2. 塑性

塑性是指石油沥青在外力作用下产生变形而不破坏, 除去外力后, 仍能保持变形后的形状的性质。沥青之所以能配制成性能良好的柔性防水材料, 很大程度上取决于沥青的塑性。沥青的塑性对冲击振动荷载有一定的吸收能力, 并能减少摩擦时的噪声, 故沥青是一种优良的道路路面材料。

沥青的塑性用延伸度 (延度) 表示, 常用沥青延度仪来测定。具体测试是采用延度仪测定，把沥青试样制成 8 字形标准试模，在规定的拉伸速度（5 cm/min）和规定温度（25℃）下拉断时的伸长长度，以"cm"表示。延度值越大，表示塑性越好，变形能力越强，在使用中能随建筑物的变形而变形，且不开裂。

3. 温度敏感性（温度稳定性）

温度敏感性是指石油沥青的黏滞性和塑性随温度升降而变化的性能，也称温度稳定性。

温度敏感性也是沥青性质的重要指标之一。

石油沥青中沥青质含量较多时，在一定程度上能够减少其温度敏感性（提高温度稳定性），沥青中含蜡量较多时，则会增大温度敏感性。建筑工程上要求选用温度敏感性较小的沥青材料，因此，在工程使用时往往加入滑石粉、石灰石粉或其他矿物填料来减小其温度敏感性。

沥青的温度敏感性用软化点表示。采用"环球法"测定，软化点越高，则温度敏感性越小。将沥青试样装入规定尺寸的铜杯，上置规定尺寸和质量的钢球，放在水或甘油中，以每分钟升高 5℃ 的速度加热至沥青软化下垂达 25.4 mm 时的温度（℃），即沥青软化点。

沥青软化点越高，耐热性越好，但不易加工；沥青软化点偏高，容易产生变形，甚至流淌。不同的沥青软化点为 25~100℃。可在沥青中掺入增塑剂、橡胶、树脂和填料等来改善沥青的耐寒性和耐热性。

针入度、延度、软化点是评价黏稠石油沥青路用性能最常用的经验指标，通称为石油沥青的"三大指标"。

4. 大气稳定性

大气稳定性是指石油沥青在热、阳光、氧气和潮湿等大气因素的长期综合作用下抵抗老化的性能，也是沥青材料的耐久性。大气稳定性即沥青抵抗老化的性能，在阳光、空气和热等的综合作用下，沥青各组分会不断递变，低分子化合物将逐步转变成高分子物质，即油分和树脂逐渐减少，而沥青质逐渐增多，从而使沥青流动性和塑性逐渐减小，硬脆性逐渐增大，直至脆裂，这个过程称为石油沥青的老化。

石油沥青的大气稳定性以沥青试样在 160℃ 下加热蒸发 5h 后质量蒸发损失百分率和蒸发后的针入度比表示。蒸发损失百分率越小，蒸发后针入度比值越大，则表示沥青的大气稳定性越好，即老化越慢。技术标准要求 160℃、5 h 的加热损失不超过 1%，蒸发后与蒸发前的针入度之比不小于 60%。

5. 溶解度

沥青溶解度是指在三氯乙烯中溶解，溶解度达到 100%。该指标一般考察沥青是否真实为沥青，非其他化合物调和。沥青中有害物质含量高主要会降低沥青的黏滞性，一般石油沥青溶解度应达98%以上。

6. 闪点和燃点

闪点是指加热沥青至挥发出的可燃气体和空气的混合物，在规定条件下与火焰接触，初次闪火（有蓝色闪光）时的沥青温度（℃）；燃点是指加热沥青产生的气体和空气的混合物，与火焰接触能持续燃烧5 s以上时，此时沥青的温度（℃）。燃点温度比闪点温度约高10℃。沥青质含量越多，闪点和燃点相差越大。液体沥青由于油分较多，闪点和燃点相差很小。

（三）防水基本材料技术要求与应用

1. 沥青

沥青是一种憎水性材料，几乎不溶于水，而且构造密实，沥青与许多材料表面有良好的黏结力，是建筑工程中应用最广泛的防水材料之一；另外，沥青能抵抗一般酸、碱、盐等侵蚀性液体和气体，故还可用于防潮、防腐等方面。在建筑工程上主要用于屋面及地下建筑防水或用于耐腐蚀地面与道路路面等，也可用于制造防水卷材、防水涂料、嵌缝油膏、胶黏剂及防锈防腐涂料。

（1）石油沥青。根据相关标准，石油沥青按用途不同可分为道路石油沥青、建筑石油沥青和普通石油沥青等。其中，道路石油沥青黏度低、塑性好，主要用于配制沥青混凝土和沥青砂浆，用于道路路面和工业厂房地面等工程。建筑石油沥青黏性较大，耐热性较好，塑性较差，主要用于生产防水卷材、防水涂料、防水密封材料等，广泛应用于建筑防水工程及管道防腐工程。一般屋面用的沥青，软化点应比本地区屋面可能达到的最高温度高20~25℃，以避免夏季流淌。普通石油沥青因含蜡量较高，性能较差，建筑工程中应用较少。

依据各类石油沥青针入度大小还可以将其划分为不同的牌号，各牌号的主要技术指标应符合相关规定的要求。牌号越大，沥青越软；牌号越小，沥青越硬。随着牌号增大，沥青的黏性变小，塑性增大，温度敏感性增大（软化点降低）。

在实际工程中，应根据当地气候条件、工程性质（房屋、道路、防腐）、使用部位（屋面、地下）及施工方法具体选择沥青牌号。对一般炎热地区、受日晒或经常受热部位，为防止受热软化，应选择牌号较小的沥青；在寒冷地区，夏季暴晒、冬季受冻的部位，不仅要考虑受热软化，还要考虑低温脆裂，应选用中等牌号的沥青；对一些不易受温度影响的部位，可选用牌号较大的沥青。当缺乏所需牌号的沥青时，可用不同牌号的沥青进行掺配，掺配时，参照下式计算：

$$较软沥青掺量 = \frac{较硬沥青软化点 - 欲配沥青软化点}{软化点 - 较软沥青软化点} \times 100\%$$

$$较硬沥青掺量 = 100\% - 较软沥青掺量$$

需要注意的是，三种沥青掺配时，应先求出两种沥青的配合比，再与第三种沥青进行配比计算。按计算结果试配时，若软化点不能满足要求，应进行调整。试配调整时，应以计算的掺配比例及相邻的掺配比例分别测出软化点，绘制"掺配比—软化点"曲线，通过曲线确定掺配比例。

（2）煤沥青。煤沥青是生产焦炭和煤气的副产物，将煤在隔绝空气的条件下高温加热干馏得到黏稠状煤焦油，再经蒸馏制取轻油、中油、重油所得残渣即为煤沥青。

相对于石油沥青，煤沥青在技术性能上存在一些缺点，如韧性较差，容易因变形而开裂；温度敏感性较大，夏天易软化而冬天易脆裂；含挥发性成分和化学稳定性差的成分多，大气稳定性差，易老化；加热燃烧时，烟呈黄色，含有蒽、萘和酚，有刺激性臭味，有毒性；但具有较高的抗微生物腐蚀作用；含表面活性物质较多，与矿物粒料表面的黏附能力较好。煤沥青在一般建筑工程上使用得不多，主要用于铺路、配制胶黏剂与防腐剂，也有的用于地面防潮、地下防水等方面。

当石油沥青的某些性质达不到要求时，可用煤沥青掺配到石油沥青中制成混合沥青。混合沥青是煤沥青与石油沥青的相互有限互溶的分散体系。体系的稳定性与分散介质的表面张力有关，两者的表面张力越小，混合体系越稳定。随着温度升高，煤沥青与石油沥青的表面张力减小，在接近闪点时它们的表面张力最小，最易混合均匀，如超过闪点易发生火灾，因此，混合温度以不超过闪点为宜。如将煤沥青与石油沥青分别溶解在溶剂里配成表面张力接近的溶液，或制成表面张力相近的乳状液和悬浮液，也可配成混合均匀的混合沥青。

（3）改性沥青。沥青具有良好的塑性，能加工成良好的柔性防水材料。但沥青耐热性与耐寒性较差，即高温下强度低，低温下缺乏韧性。这是沥青防水屋面渗漏现象严重、使用寿命短的原因之一。为此，常添加高分子聚合物、矿物纤维材料等物质对沥青进行改性，以改善沥青相关技术性质，这种经过改性的沥青称为改性沥青。按掺用材料的不同，改性沥青可分为橡胶改性沥青、树脂改性沥青、橡胶树脂共混改性沥青和矿物填料改性沥青等。

在沥青中掺入适量橡胶变为橡胶改性沥青，可使沥青的高温变形性小，常温弹性较好，低温塑性较好。在沥青中掺入适量树脂变为树脂改性沥青，可使沥青具有较好的耐高、低温性、黏结性和不透气性。在沥青中掺入适量的橡胶和树脂变为橡胶和树脂共混改性沥青，可使沥青兼具橡胶和树脂的特性，配制时采用不同的原材料品种、配合比和制作工艺，可以得到多种性能各异的产品，如防水卷材、防水片材、防水密封材料和防水涂料等。另外，为了提高沥青的相关性能，减少沥青的温度敏感性，还可以加入一定数量的粉状或纤维状矿物填充料，即矿物填料改性沥青。

2. 合成高分子材料

高分子材料可称为聚合物材料，按照其来源可划分为天然高分子材料和合成高分子材料两大类。天然高分子材料包括天然橡胶、纤维素、蚕丝、淀粉等。合成高分子材料是指用结构和相对分子质量已知的单体为原料，经过一定的聚合反应得到的聚合物。合成高分子材料采用的化学合成方式即聚合反应方式很多，对于一个聚合反应又可根据其聚合机理、所需求产品不同的性能采用不同的聚合方法。需要注意的是，对于同一种合成高分子材料来说，尽管采用的单体和聚合反应机理相同，但采用不同的聚合方法所得的产物分子结构、相对分子质量往往会有很大的差别，进而影响产物最终的性能。在工业生产中，为满足不同的制品性能，一种单体常需要采用不同的聚合方法。

合成高分子用于防水材料的特性是抗拉强度高、延伸率大、弹性强、高低温特性好、防水性能优异。常用的有三元乙丙橡胶、氯丁橡胶、有机硅橡胶、聚氨酯、丙烯酸酯及聚氯乙烯树脂等。

二、防水卷材技术性质判定与应用

（一）沥青防水卷材技术性质判定与应用

防水卷材是一种具有一定宽度和厚度的能够卷取成卷状的带状定型防水材料。防水卷材是建筑防水工程中应用的主要材料，约占整个防水材料的90%。防水卷材的品种很多，一般每种防水卷材均使用多种原材料制成，如沥青防水卷材会用到沥青、纸或纤维织物（做基材）、聚合物（做改性材料）等。可以根据防水卷材中构成防水膜层的主要原料将防水卷材分为沥青防水卷材、改性沥青防水卷材和合成高分子防水卷材三类。其中，沥青防水卷材是以沥青（石油沥青或煤焦油、煤沥青）为主要防水材料，以原纸、织物、纤维毡、塑料薄膜和金属箔等为胎基（载体），用不同矿物粉料或塑料薄膜等做隔离材料所制成的防水卷材，通常称为油毡。胎基是油毡的骨架，使卷材具有一定的形状、强度和韧性，从而保证在施工中的铺设性和防水层的抗裂性，对卷材的防水效果有直接影响。沥青防水卷材由于卷材质量轻、价格低、防水性能良好、施工方便、能适应一定的温度变化和基层伸缩变形，故多年来在工业与民用建筑的防水工程中得到了广泛应用。

1. 石油沥青纸胎油毡

凡用低软化点热熔沥青浸渍原纸而制成的防水卷材称为油纸，在油纸两面再浸涂软化点较高的沥青后，撒上防黏物料即成油毡。表面撒石粉做隔离材料的称为粉毡；撒云母片做隔离材料的称为片毡。油纸主要用于建筑防潮和包装，也可用于多叠层防水层的下层或刚性防水层的隔离层。油毡适用面广，但石油沥青纸胎油毡的防水性能差、耐久年限低，因此，纸胎油毡按规定一般只能做多叠层防水；片毡用于单层防水。石油沥青纸胎油毡按卷重和物理性能分为Ⅰ型、Ⅱ型、Ⅲ型。Ⅰ型、Ⅱ型油毡适用于辅助防水、保护隔离层、临时性建筑防水、防潮及包装等；Ⅲ型油毡适用于屋面工程的多层防水。

2. 煤沥青纸胎油毡

煤沥青纸胎油毡是采用低软化点煤沥青浸渍原纸，再用高软化点煤沥青涂盖油纸两面，最后涂、撒隔离材料所制成的一种纸胎防水材料，煤沥青油毡包括幅宽 915 mm 和 1000 mm 两种规格，按技术要求可分为一等品和合格品；按所用隔离材料可分为粉状面油毡和片状面油毡两个品种，其以原纸每平方米质量克数划分标号，包括 200 号、270 号和 350 号三种。

3. 其他纤维胎油毡

一些油毡是以玻璃纤维布、石棉布、麻布等为胎基，用沥青浸渍涂盖而成的防水卷材。

与纸胎油毡相比，其抗拉强度、耐腐蚀性、耐久性都有较大提高。

（1）沥青玻璃布油毡。以玻璃纤维布为胎基，用石油沥青涂盖材料浸涂玻璃纤维布的两面制成的一种沥青防水卷材。每卷质量不小于 14 kg，按幅宽可分为 900 mm 和 1000 mm 两种规格。每卷油毡总面积为（20±0.3）m²。具有抗拉强度高、柔软、耐腐蚀性能好等优点。按技术要求可分为一等品和合格品。其技术性能应符合相关标准的规定。

（2）沥青玻纤胎油毡。沥青玻纤胎油毡是以无定向玻璃纤维交织而成的薄毡为胎基，用优质氧化沥青或改性沥青浸涂薄毡两面，再以矿物粉、砂或片状砂砾做撒布料制成的油毡。由于其采用 200 号石油沥青或渣油氧化成软化点大于 90℃、针入度大于 25 的沥青（或经改性的沥青），故涂层有优良的耐热性和耐低温性，抗拉强度高，其延伸率比 350 号纸胎油毡高一倍，吸水率低，耐水性好，使用寿命超过纸胎油毡。由于其耐化学性侵蚀和耐微生物腐烂能力优良，故耐腐蚀性较高，防水性能优于玻璃布油毡。

沥青玻纤胎油毡可用于屋面及地下防水层、防腐层及金属管道的防腐层等，按单位面积质量分为 15 号、25 号两个标号，按力学性能分为Ⅰ型、Ⅱ型。由于其质地柔软，多用于阴阳角部位防水处理，边角服帖、不易翘曲、易于黏结牢固。

（二）改性沥青防水卷材技术性质判定与应用

随着科学技术的发展，除传统的沥青防水卷材外，近年来研制出不少性能优良的新型防水卷材，如合成高分子改性沥青防水卷材、APP 改性沥青防水卷材、SBS 改性沥青防水卷材、铝箔面石油沥青防水卷材、再生橡胶改性沥青防水卷材、丁苯橡胶改性沥青防水卷材、PVC 改性煤焦油防水卷材等，它们具有使用年限长、技术性能好、冷施工、操作简单、污染性低等特点。可以克服传统的纯沥青纸胎油毡低温柔性差、延伸率较低、拉伸强度及耐久性比较差等缺点，改善其各项技术性能，有效提高防水质量。

1. 合成高分子改性沥青防水卷材

合成高分子改性沥青防水卷材，是以合成高分子聚合物改性沥青为涂盖层，纤维织物或纤维毡为胎体，粉状、粒状、片状和薄膜材料为覆盖面制成的可卷曲的片状防水材料，属新型中档防水卷材。

2. APP 改性沥青防水卷材

APP 改性沥青防水卷材是以聚酯毡或玻纤毡为胎基，无规聚丙烯（APP）或聚烯烃类聚合物（APAO、APO）做改性沥青为浸涂层，两面覆以隔离材料制成的防水卷材，聚酯胎卷材厚度分为 3 mm 和 4 mm。这类卷材有良好的弹塑性、耐热性和耐紫外线老化性能；其软化点在 150℃ 以上；温度使用范围为 − 15 ~ 130℃；耐腐蚀性好，自燃点较高（265℃）；耐低温性能稍低于 SBS 改性沥青防水卷材；热熔性很好，非常适合热熔施工。

3. SBS 改性沥青防水卷材

SBS 改性沥青防水卷材是以 SBS 橡胶改性石油沥青引为浸渍覆盖层，以聚酯纤维无纺布、黄麻布、玻纤毡等分别制作胎基，以塑料薄膜为防粘隔离层，经选材、配料、共熔、浸渍、复合成型、卷曲等工序加工制作。这类卷材机械性能好，耐水性、耐腐蚀性能也很好；弹性和低温性能有明显改善，有效适用范围为−25 ~ 100℃；耐疲劳性能优异。使用范围：适用于高级和高层建筑物的屋面的单层铺设及复合使用，还可用于地下室等防水防潮，更适合北方寒冷地区和结构易变形的建筑物的防水。

4. 铝箔面石油沥青防水卷材

铝箔面石油沥青防水卷材是以玻璃纤维毡为胎基，用石油沥青为浸渍涂盖层，以银白色铝箔为上表面反光保护层，以矿物粒料和塑料薄膜为底面隔离层制成的防水卷材。这种防水卷材抗老化能力强，具有装饰功能，适用于外露防水面层，因有铝箔面，故对阳光的反射率高，且具有一定的抗拉强度和延伸率，弹性好，低温柔性好，−20 ~ 80℃ 温度范围内都有较好适应性，并且价格较低，是一种中档新型防水材料。

（三）合成高分子防水卷材技术性质判定与应用

合成高分子防水卷材是以合成橡胶、合成树脂或此两者的共混体为基料，加入适量的化学助剂和填充材料等，经不同工序加工而成可卷曲的片状防水材料。合成高分子防水卷材的材性指标较高，如优异的弹性和抗拉强度，使卷材对基层变形的适应性增强；优异的耐候性能，使卷材在正常的维护条件下，使用年限更长，可减少维修、翻新的费用。它是继石油沥青防水卷材之后发展起来的性能更优的新型高档防水材料，在屋面、地下及水利工程中均有广泛应用，特别是在中、高档建筑物防水方面更显示其优异性。

1. 三元乙丙橡胶防水卷材

三元乙丙橡胶防水卷材是以三元乙丙橡胶为主体，掺入适当的化学助剂和一定量的填充材料，经过配料、密炼、混炼、过滤、挤出成型、硫化、检验、分卷、包装等工序加工制成的高弹性橡胶防水卷材。三元乙丙橡胶防水卷材，耐老化性能好、耐酸碱、抗腐蚀，使用寿命可达35年。拉伸性能好，延伸率大，能够较好适应基层伸缩或开裂变形的需要。耐高低温性能好，低温可达-40℃，高温可达160℃，能在恶劣环境中长期使用。质量轻，减少屋顶负载，适用于建筑屋面、地下室的防水施工。

2. 聚氯乙烯（PVC）防水卷材

聚氯乙烯（PVC）防水卷材以聚氯乙烯树脂（PVC）为主要原料，掺入适量的改性剂、抗氧剂、紫外线吸收剂、着色剂、填充剂等，经捏合塑化、挤出压延、变形、冷却、检验、分卷、包装等工序加工制成可卷曲的片状防水材料。其是我国目前用量较大的一种卷材。这种卷材具有拉伸强度大、延伸率高、收缩率小、低温柔性好、使用寿命长、产品性能稳定、质量可靠、施工方便，耐化学侵蚀、抗老化，耐腐蚀，耐候性优良等特点。-40~90℃各种气候下均能保持较好的柔韧性。使用寿命长，暴露屋面可达30年，地下埋置>50年。抗拉强度、抗撕裂强度及伸长率高，适应结构变形。抗穿刺性好，耐风化，适宜种植屋面。

3. 氯化聚乙烯防水卷材

氯化聚乙烯防水卷材，是以含氯量为30%~40%的氯化聚乙烯树脂为主要原料，掺入适量的化学助剂和大量的填充材料，采用塑料（或橡胶）的加工工艺，经过捏合、塑炼及压延等工序加工而成。氯化聚乙烯的特点是分子结构中不含双键，含氯原子，所以其耐寒、耐臭氧性、阻燃性、耐低化学腐蚀性、耐水性等综合防水性能优异，温度可适应-40~120℃的范围，同时，具有伸长率好、撕裂强度高、使用寿命长等特点，是国内新型防水材料中性能优异的一种新型中、高档防水材料，现已被列为推广产品。根据施工部位要求，国家标准将其分为 N 类无复合层卷材、L 类纤维单面复合及 W 类织物内增强卷材。

氯化聚乙烯—橡胶共混防水卷材是以氯化聚乙烯树脂与合成橡胶为主体，加入硫化剂、促进剂、稳定剂、软化剂及填充材料等，经塑炼、混炼、过滤、压延或挤出成型及硫化等工序制成的防水卷材。这种防水卷材不仅具有氯化聚乙烯的高强度和优异的耐老化性能，而且还具有橡胶类材料的高弹性、高延伸性及良好的耐低温性能；氯离子的存在提高了共混卷材的黏结性能和阻燃性能，共混卷材的大气稳定性好，使用寿命长；可采用单层冷作业粘贴工艺简单，操作方便，工效高，质量与安全易于保证，最适用屋面工程作单层外露防水，也适用有保护层的屋面或楼地面、厨房、厕浴间及储水池、隧道等土木建筑和市政工程防水。

4. 氯磺化聚乙烯防水卷材

氯磺化聚乙烯防水卷材，简称 CSP 卷材，是以氯磺化聚乙烯橡胶为主要原料，掺入适量的软化剂、稳定剂、硫化剂、促进剂、着色剂和填充剂等，经配料、混炼、挤出或压延成型、硫化、冷却等工序加工而成的防水卷材，可根据不同的颜料，将其制成彩色防水卷材，并且不易褪色。该卷材以耐老化、耐紫外线腐蚀的氯磺化聚乙烯橡胶为主体材料，因而，还具有橡胶的高弹性、高延伸性、耐候性，而且热稳定性强，低温柔性好。由于氯磺化聚乙烯本身有很高的含氯量，又具有较好的难燃性，能离火自熄。氯磺化聚乙烯防水卷材适用各种屋面、地下工程的防水，也可用于地面、桥梁隧道、水库水渠、蓄水池、污水处理池等的防水，特别是有腐蚀介质影响部位的建筑防腐剂防水处理。

参考文献

［1］ 刘国元. 乡村振兴视角下乡村建筑设计研究［M］. 北京：北京工业大学出版社，2023. 04.

［2］ 金常江. 从行为到形式现代景观建筑设计表现研究［M］. 北京：中国戏剧出版社，2023. 01.

［3］ 李青. 现代住区规划及住宅建筑设计与应用研究［M］. 北京：北京工业大学出版社，2023. 04.

［4］ 毕昕. 建筑方案的五个灵感来源从构思到设计［M］. 北京：机械工业出版社，2023. 02.

［5］ 何江，杜永明. 智能建造理论技术与管理丛书绿色建筑 BIM 设计与分析［M］. 北京：机械工业出版社，2023. 05.

［6］ 单智，李哲. 解构科幻电影中的建筑创想［M］. 北京：机械工业出版社，2023. 02.

［7］ 赵杰. 建筑设计手绘技法［M］. 武汉：华中科技大学出版社，2022. 09.

［8］ 尹飞飞，唐健，蒋瑶. 建筑设计与工程管理［M］. 汕头：汕头大学出版社，2022. 09.

［9］ 滕凌. 建筑构造与建筑设计基础研究［M］. 长春：吉林科学技术出版社，2022. 08.

［10］ 陈春燕，安文，吴亚非. 现代建筑设计与创意思维探索［M］. 长春：吉林科学技术出版社，2022. 09.

［11］ 宋德萱，朱丹. 普通高等学校双一流建设建筑类专业新形态教材绿色建筑设计概论［M］. 武汉：华中科技大学出版社，2022. 08.

［12］ 展海强，白建国. 可持续发展理念下的绿色建筑设计与既有建筑改造［M］. 北京：中国书籍出版社，2022. 07.

［13］ 李琰君. 绿色建筑设计与技术［M］. 天津：天津人民美术出版社，2021. 12.

［14］刘涛，袁建林，王晓虹. 建筑设计与工程技术［M］. 天津：天津科学技术出版社，2021. 04.

［15］朱文霜，梁燕敏，张欣. 建筑设计教程［M］. 长春：吉林人民出版社，2021. 05.

［16］王的刚. 建筑设计与环境规划研究［M］. 长春：吉林科学技术出版社，2021. 06.

［17］时宗伟，郭玮. 建筑设计与美术教育研究［M］. 天津：天津人民美术出版社，2021. 12.

［18］杨方芳. 绿色建筑设计研究［M］. 北京：中国纺织出版社，2021. 06.

［19］刘哲. 建筑设计与施组织管理［M］. 长春：吉林科学技术出版社，2021. 04.

［20］龚舒颖. 中国传统文化在现代建筑设计中的艺术表现［M］. 长春：吉林美术出版社，2021. 03.

［21］刘松石，王安，杨一伟. 基于新时代背景下的绿色建筑设计［M］. 北京：中国纺织出版社，2021. 12.

［22］宋丽伟，郜清海，张伟. 建筑历史与设计研究［M］. 长春：吉林科学技术出版社，2021. 11.

［23］王洪羿. 走向交互设计的养老建筑［M］. 南京：江苏凤凰科学技术出版社，2021. 05.

［24］王子若. 建筑电气智能化设计［M］. 北京：中国计划出版社，2021. 01.

［25］陆金明. 教育建筑规划与设计2 中小学［M］. 沈阳：辽宁科学技术出版社，2021. 04.

［26］洪伟，徐竹涛，韩春. 水工建筑物设计与优化研究［M］. 天津：天津科学技术出版社，2021.

［27］负禄. 建筑设计与表达［M］. 长春：东北师范大学出版社，2020. 07.

［28］卓刚. 高层建筑设计第3版［M］. 武汉：华中科技大学出版社，2020. 09.

［29］何培斌，李秋娜，李益. 装配式建筑设计与构造［M］. 北京：北京理工大学出版社，2020. 07.

［30］陈思杰，易书林. 建筑施工技术与建筑设计研究［M］. 青岛：中国海洋大学出版社，2020. 05.

［31］王爱风，王川. 基于可持续发展的绿色建筑设计与节能技术研究［M］. 成都：电子科技大学出版社，2020. 06.

[32] 刘小锋，李露，李红. 建筑装饰设计基础 [M]. 北京：中国轻工业出版社，2020. 05.

[33] 龙燕，王凯. 建筑景观设计基础 [M]. 北京：中国轻工业出版社，2020. 05.

[34] 徐莉. 建筑施工图设计 [M]. 重庆：重庆大学出版社，2020. 08.

[35] 张华伟. 建筑暖通空调设计技术措施研究 [M]. 北京：新华出版社，2020. 09.